高機能動画編集ソフト Ver.19 対応

DaVinci Resolve
今日から使いこなす詳解ガイド

大藤 幹 著

マイナビ

本書のサポートサイト

本書で使用されているサンプルファイルの一部を掲載しております。訂正・補足情報についてもここに掲載していきます。

https://book.mynavi.jp/supportsite/detail/9784839987565.html

● サンプルファイルのダウンロードにはインターネット環境が必要です。

● サンプルファイルはすべてお客様自身の責任においてご利用ください。

● サンプルファイルおよび動画を使用した結果で発生したいかなる損害や損失、その他いかなる事態についても、弊社および著作権者は一切その責任を負いません。

● サンプルファイルに含まれるデータやプログラム、ファイルはすべて著作物であり、著作権はそれぞれの著作者にあります。本書籍購入者が学習用として個人で閲覧する以外の使用は認められませんので、ご注意ください。営利目的・個人使用にかかわらず、データの複製や再配布を禁じます。

● 本書に掲載されているサンプルはあくまで本書学習用として作成されたもので、実際に使用することは想定しておりません。ご了承ください。

ご注意

● 本書での説明は、macOSで行っています。環境が異なると表示が異なったり、動作しない場合がありますのでご注意ください。

● 本書はDaVinci Resolve 19で執筆しております。

● 本書での学習にはインターネット環境が必要です。

● 本書を利用するためには、DaVinci Resolveが必要です。
公式サイト（https://www.blackmagicdesign.com/jp/products/davinciresolve）よりダウンロードしてください。

● 本書に登場するソフトウェアやURLは、2025年3月段階での情報に基づいて執筆されています。執筆以降に変更されている可能性があります。

● 本書の制作にあたっては正確な記述につとめましたが、著者や出版社のいずれも、本書の内容に関して何らかの保証をするものではなく、内容に関するいかなる運用結果についても一切の責任を負いません。あらかじめご了承ください。

● 本書中の会社名や商品名は、該当する各社の商標または登録商標です。本書中ではTMおよび®は省略させていただいております。

はじめに

DaVinci Resolve 19 に付属しているPDFの公式マニュアルは、4,000ページを超えています。DaVinci Resolve は映画製作でも使用されているプロフェッショナル向けのソフトウェアであり、一般の人には想像できないほどの大量の機能が搭載されているからです。1冊の本ですべての機能を解説することはできません。

そこで本書では、DaVinci Resolve 19 無料版で使用可能な機能のうち、広くYouTubeで見られるような一般的な動画を作成する際に必要となる機能を厳選して解説することにしました。ただし、DaVinci Resolveの中でも特に難関と言われている「Fusionページ」に関しては、本書では解説していません。1〜2章を割いたとしても十分な解説はできませんし、Fusionの解説を省くことによって、他の知っておくべき機能の解説を増やすことができるからです。Fusionに関しては、まるごと一冊を使ってFusionだけを解説している姉妹書『DaVinci Resolve Fusion 今日から使える活用ガイド』を別途販売しています。興味のある方はぜひご参照ください。

本書では、「用語解説」「ヒント」「補足情報」「コラム」といった補足説明をふんだんに組み入れることにより、一般の人でも意味を理解しながらスムーズに操作できるようにしてあります。また、DaVinci Resolve を使いはじめたときにありがちな疑問やトラブルとその解消方法をまとめた「こんなときは」というトラブルシューティングのページも用意しました。本書を参照しながら作業すれば、動画編集が初めての方でも迷うことなく動画を完成させられるはずです。

DaVinci Resolveの学習コストを大幅に削減する入門書として、また操作手順を思い出すための時間を節約できる便利な参考書として、本書を存分にご活用いただけましたら幸いです。

2025年3月

大藤 幹

Contents

はじめに --- 003

Chapter 1 　DaVinci Resolveの概要

1　DaVinci Resolveのインストール ------------------------------- 012
　DaVinci Resolveについて --- 012
　OS別の動作環境 --- 013
　ダウンロードの手順 -- 013
　インストールの流れ（macOS）------------------------------------- 015
　インストールの流れ（Windows）---------------------------------- 019

2　DaVinci Resolveの画面構成 ------------------------------------ 021
　基本となる画面の構成と切り替え方 -------------------------------- 021
　プロジェクトの管理・設定ウィンドウ ----------------------------- 022
　用途別の7つの専用ページ -- 024

3　素材の準備と編集作業の流れ --------------------------------- 027
　DaVinci Resolveで扱うデータについて ---------------------------- 027
　素材データの準備 --- 028
　動画編集の主な作業とその順序 ----------------------------------- 029
　メディアプールとタイムライン ----------------------------------- 030

Chapter 2 　編集前と後の作業

1　プロジェクトの操作 -- 034
　新規プロジェクトの作り方 --------------------------------------- 034
　プロジェクトの開き方と切り替え方 ------------------------------ 035
　プロジェクト間でのコピー＆ペースト --------------------------- 036
　プロジェクトの削除 -- 037
　プロジェクトのバックアップ ------------------------------------ 038
　プロジェクトのバックアップを復元する ------------------------ 040

2　プロジェクト設定と環境設定 ---------------------------------- 042
　解像度とフレームレートの設定 ----------------------------------- 042
コラム　「29.97fps」というフレームレートについて ------------- 043
　Mac用の色の設定 -- 043
　新規プロジェクトの初期値の変更 -------------------------------- 046

3　素材データの読み込み方 -------------------------------------- 048
　素材データを実際に読み込むわけではない点に注意 -------------- 048
　「プロジェクトフレームレートを変更しますか？」の意味 ------- 049
　メディアプールにドラッグして読み込む -------------------------- 050
コラム　何かを複数を選択する際の共通操作 ----------------------- 051
　メディアプールのビンリストにドラッグして読み込む ----------- 051
　カットページの2つの専用アイコンで読み込む -------------------- 052
　メディアページでメディアストレージブラウザーを使う ---------- 053

4　メディアプール内でのクリップの操作 ------------------------- 055
　クリップの表示方法を切り替える --------------------------------- 055
　クリップを並べ替える -- 057
　クリップの情報を見る -- 058

クリップを回転させる --- 058
クリップカラーを指定する -- 060
クリップの名前を変更する --- 061
クリップのサムネイルを変更する --------------------------------------- 062
クリップを再リンクする --- 064

5 動画と画像の書き出し --- 066
クイックエクスポートで簡単に書き出す ------------------------------ 066
デリバーページで細かく設定して書き出す --------------------------- 068
コラム　なぜ一旦レンダーキューに入れてから書き出すのか？ --------- 069
動画の特定のフレームを画像として書き出す ------------------------ 070

6 編集データの書き出しと読み込み ------------------------------ 072
素材データと編集データの両方を書き出す ------------------------- 072
素材データと編集データの両方を読み込む ------------------------- 074
編集データだけを書き出す --- 075
編集データだけを読み込む --- 076

7 データベースの管理 --- 079
プロジェクトライブラリについて -------------------------------------- 079
新規プロジェクトライブラリの作り方 --------------------------------- 080
プロジェクトライブラリのバックアップ ------------------------------- 082
プロジェクトライブラリのバックアップを復元する --------------------- 084

動画の編集作業

Chapter 3

1 ビューアでの再生方法 --- 088
カットページの3種類の再生モード ----------------------------------- 088
エディットページの2つのビューア ------------------------------------ 090
ビューアをフルスクリーンにする -------------------------------------- 091
タイムラインはそのままでビューアを大きくする ------------------- 092
繰り返し再生させる -- 093
イン点からアウト点までを再生させる ------------------------------- 093
2秒前から2秒後までを再生させる ----------------------------------- 094
JKLキーで再生・逆再生・停止の操作を行う ----------------------- 094
ビューア内の映像の拡大縮小と移動 --------------------------------- 095

2 タイムラインについて --- 096
カットページのタイムライン -- 096
エディットページのタイムライン -------------------------------------- 096
タイムラインの目盛りとタイムコード -------------------------------- 098
コラム　なぜ開始タイムコードは「01:00:00:00」になっているのか？ -------- 099
新規タイムラインの作成方法 -- 099
タイムラインの切り替え方 -- 100
タイムラインのトラックとは？ --- 101
カットページのリップルモードとは？ ------------------------------- 102
タイムラインのバックアップを復元する ----------------------------- 103
削除したタイムラインを復元する ------------------------------------- 104

3 クリップをタイムラインに配置する ----------------------------- 106
配置前にイン点とアウト点を指定する ------------------------------- 106

ドラッグして配置する（カットページ） ----------------------------- 109

ドラッグして配置する（エディットページ） ------------------------- 110

配置先コントロールについて ------------------------------------ 110

映像または音声だけを配置する ----------------------------------- 112

3点編集と4点編集 --- 113

共通する7種類の配置方法 -------------------------------------- 115

カットページの6種類の配置方法 -------------------------------- 117

4 タイムラインでのトラックの操作 ------------------------------ 119

トラックヘッダーのアイコン（カットページ） --------------------- 119

トラックヘッダーのアイコン（エディットページ）----------------- 120

トラックの追加（カットページ） -------------------------------- 122

トラックの追加（エディットページ）----------------------------- 123

トラックの削除 --- 124

トラックカラーの変更 --- 124

5 タイムラインでのクリップの操作 ------------------------------ 125

クリップのトリミング --- 125

クリップのロール --- 126

ビューアのトリムエディターの使い方---------------------------- 127

クリップのスリップ --- 128

クリップのスライド --- 129

クリップの分割 --- 130

クリップの移動と複製--- 132

クリップの長さを数値で指定する ------------------------------- 133

スナップのオンとオフ --- 133

ポジションロックのオンとオフ --------------------------------- 134

オーディオに合わせてトリムのオンとオフ----------------------- 135

クリップの削除 --- 135

クリップの無効化 --- 136

クリップのミュート --- 136

クリップカラーを指定する ------------------------------------- 137

映像と音声を個別に編集する ----------------------------------- 138

テイクセレクターの使い方（複数テイクの比較検討）------------- 139

6 再生ヘッドの移動の操作 ------------------------------------ 143

再生ヘッドの位置の固定と解除 --------------------------------- 143

目盛をクリックして移動させる --------------------------------- 144

再生ヘッドをドラッグして移動させる --------------------------- 144

ジョグホイールをドラッグして移動させる ----------------------- 144

矢印キーで移動させる--- 145

Vキーで一番近い編集点に移動させる--------------------------- 145

秒数やフレーム数を入力して移動させる ------------------------- 145

7 トランジションの適用 -------------------------------------- 147

トランジションとは？ --- 147

トランジションの適用条件 ------------------------------------- 148

トランジションの適用 --- 149

トランジションの適用（カットページのボタン） ----------------- 151

標準トランジションの適用 ---------------------------- 152
トランジションの適用時間の変更 ---------------------- 153
トランジションをお気に入りに追加する---------------- 153
フェードインとフェードアウトの適用 ------------------ 155

8 **クリップツールの使い方** ------------------------------ 157
クリップツールとビューアオーバーレイ ---------------- 157
クリップツールとインスペクタ ------------------------ 158
クリップツールを表示させる -------------------------- 159
クリップツールの共通操作---------------------------- 161
変形（拡大縮小・移動・回転・反転）------------------ 162
クロップ（切り抜き）-------------------------------- 163
ダイナミックズーム（ズームイン・ズームアウト）------ 165
合成（合成モードと透明度）-------------------------- 167
速度（再生速度の変更）------------------------------ 168
スタビライズ（手ぶれ補正）-------------------------- 169
カラー（色補正）------------------------------------ 171
オーディオ（音量の調整）---------------------------- 171
エフェクトオーバーレイ（OpenFXとFusion）----------- 172

9 **ビューアオーバーレイの使い方** ---------------------- 173
ビューアオーバーレイについて------------------------ 173
ビューアオーバーレイを表示させる -------------------- 173
変形（拡大縮小・移動・回転）------------------------ 175
クロップ（切り抜き）-------------------------------- 175
ダイナミックズーム（ズームイン・ズームアウト）------ 176
OpenFXオーバーレイ -------------------------------- 177
Fusionオーバーレイ -------------------------------- 178
注釈-- 178

10 **インスペクタの使い方** ---------------------------- 180
インスペクタについて -------------------------------- 180
インスペクタを表示させる ---------------------------- 181
インスペクタの共通操作------------------------------ 182
変形（拡大縮小・移動・回転・反転）------------------ 183
クロップ（切り抜き）-------------------------------- 184
ダイナミックズーム（ズームイン・ズームアウト）------ 184
合成（合成モードと透明度）-------------------------- 185
速度変更（再生速度の変更と逆再生）------------------ 185
スタビライゼーション（手ぶれ補正）------------------ 186
オーディオ（ボリューム・声の自動レベル調整）-------- 187
ファイル（クリップ情報）---------------------------- 189

11 **マーカーの使い方**-------------------------------- 190
マーカーとは？ ------------------------------------ 190
マーカーの追加と編集 -------------------------------- 191

Contents

Chapter 4

テキストに関連する作業

1　タイトルの種類 -- 194
　動画編集ソフトにおける.用語について------------------------------ 194
　テキスト+ --- 194
　テキスト -- 195
　スクロール -- 195
　字幕 --- 196
　その他 --- 198

2　タイトルの基本的な使い方 ------------------------------------ 199
　タイムラインへの配置（カットページ）----------------------------- 199
　タイムラインへの配置（エディットページ）------------------------- 201
　タイトルをお気に入りに追加する --------------------------------- 202

3　テキスト+の使い方 --- 204
　テキスト+の基本操作 -- 204
　テキスト+のレイアウトの種類 ------------------------------------ 205
　テキスト+での行揃え--- 207
　「シェーディング」タブの役割 ----------------------------------- 210
　「シェーディング」タブの3種類のプリセット ----------------------- 211
　文字に縁取りを付ける（階層2の使い方）-------------------------- 212
　文字に影を表示させる（階層3の使い方）-------------------------- 214
　文字に背景を表示させる（階層4の使い方）------------------------ 216
　文字の縁取りを追加する（階層5以降を追加）---------------------- 218
　文字の背景に縁取りをつける（階層3を変更）---------------------- 220
　文字の色をグラデーションにする --------------------------------- 223
　Fusionオーバーレイを表示させる -------------------------------- 225
　Fusionオーバーレイによるカーニング1 ---------------------------- 228
　Fusionオーバーレイによるカーニング2 ---------------------------- 229
　部分的に色やサイズなどを変える --------------------------------- 232

Chapter 5

音に関連する作業

1　音量の調整 -- 236
　キーボードでの音量調整 -- 236
コラム　エディットページのタイムラインでオーディオ波形が表示されていない場合
------ 237
コラム　波形が見やすいようにトラックの高さを変更する方法 -------------------- 237
　タイムラインでの音量調整 -------------------------------------- 238
　インスペクタでの音量調整 -------------------------------------- 238
　クリップツールでの音量調整 ------------------------------------ 238
　キーフレームによる音量調整 ------------------------------------ 239
　カーブエディターによる音量調整---------------------------------- 240
　Dialogue Levelerによる音量の均一化 --------------------------- 240

フェードインとフェードアウト ----------------------------------- 243

2 音声関連のその他の操作 ------------------------------------ 244

左からしか聞こえない音を両方から出す（トラック）----------------------- 244

左からしか聞こえない音を両方から出す（インスペクタ）------------------- 245

左からしか聞こえない音を両方から出す（クリップ属性）------------------ 247

ノイズを減らす（ノイズリダクション）----------------------------- 248

コラム　エフェクトの削除の仕方と設定ダイアログの開き方 --------------------- 251

声を聞きやすくする（ボーカルチャンネル）------------------------- 252

ナレーションの録音（アフレコ）----------------------------- 254

コラム　録音したすべてのテイクを表示させるには？ ----------------------- 260

Chapter 6　色の調整

1 カラーページの基本操作 ------------------------------------ 262

カラーページの画面構成 ------------------------------------ 262

画面を初期状態に戻す方法 ----------------------------------- 264

カラーホイール、カーブ、スコープを表示させる ------------------- 265

ビューアモードの切り替え方 ----------------------------------- 266

コラム　カラーコレクションとカラーグレーディング ----------------------- 268

ノードの役割と使い方 --------------------------------------- 268

2 カラーホイールでの色調整 ------------------------------------ 271

4つのカラーホイールの役割 ----------------------------------- 271

マスターホイールを使った明るさの調整 ------------------------- 272

カラーバランスの操作方法 ----------------------------------- 273

自動で色補正をする --------------------------------------- 274

コントラストの調整 --- 274

彩度の調整 --- 275

カラーブーストの使い方 ------------------------------------- 276

ホワイトバランスの調整 ------------------------------------- 276

ポインタの位置のRGB値を表示させる --------------------------- 277

3 ColorSliceでの色調整 ------------------------------------ 278

ColorSliceについて --- 278

ColorSliceを表示させる ------------------------------------- 279

ColorSliceの各部の役割 ------------------------------------- 279

4 カラーページのその他の機能 ------------------------------------ 282

ぼかしとシャープ --- 282

ノードの内容のコピー＆ペースト ------------------------------- 283

前のノードの色調整をまるごと適用させる ------------------------- 285

色調整をまるごと他のクリップに適用させる ----------------------- 286

Chapter 7　その他の機能

1 スムーズに再生させる機能 ------------------------------------ 288

レンダーキャッシュ --- 288

レンダリングして置き換え ----------------------------------- 289

プロキシメディア --- 291

Timeline Playback Resolution --- 293

2 特別なクリップ -- 294
単色 -- 294
調整クリップ --- 295
複合クリップに変換する --- 297
複合クリップ内のクリップを編集する --------------------------- 299
複合クリップを個別のクリップに戻す --------------------------- 300

3 リタイムコントロール ------------------------------------- 301
リタイムコントロールの基本操作 ------------------------------- 301
クリップ内で部分的に速度を変える ----------------------------- 303
フリーズフレーム --- 305
コラム　4種類のフリーズフレームの特徴 ----------------------- 307
逆再生 --- 308
巻き戻し --- 309
リタイムカーブの使い方 --------------------------------------- 311

4 エフェクトの活用 --------------------------------------- 315
クリップをワイプにする（DVE）------------------------------- 315
コラム　ワイプの枠線の太さを変える方法 --------------------- 317
映像やテロップを揺らす（カメラシェイク）--------------------- 318
モザイクのかけ方1（固定位置）------------------------------- 320
モザイクのかけ方2（被写体を追尾）--------------------------- 326

5 その他 --- 333
キーフレームでインスペクタの値を変化させる ------------------- 333
キーフレームをタイムラインで調整する ------------------------- 336
パワービンで調整済みのクリップを共有する --------------------- 337
タイムラインの複数のクリップをリンクする --------------------- 339
映像の上下を黒くして横長に表示させる ------------------------- 340
グリーンバック（クロマキー）合成の仕方 ----------------------- 341
他の動画編集ソフトのショートカットに変更する ----------------- 346
ショートカットキーのカスタマイズ ----------------------------- 347

Appendix

こんなときは

編集時のトラブルと操作方法 ----------------------------------- 352
データの保存・読み込み・書き出し ----------------------------- 353
音声関連のトラブルと操作方法 --------------------------------- 354

索引 -- 355

Chapter

1

DaVinci Resolveの概要

この章では、DaVinci Resolveのダウンロードとインストールの方法、アプリケーション全体の画面構成とそれぞれの画面の役割、DaVinci Resolveを使った編集作業のおおまかな流れについて説明します。

1-1

DaVinci Resolveのインストール

DaVinci Resolveには無料版と有料版があり、Blackmagic Design社の公式サイトもしくはAppleのApp Storeからダウンロードできます。macOS版・iPad版・Windows x86版・Windows ARM版・Linux版の5種類が用意されていますので多くの環境で利用可能です。なお、iPad版は、公式サイトではなくApp Storeからダウンロードする必要があります。

DaVinci Resolveについて

　DaVinci Resolveには無料版の「DaVinci Resolve 19」と有料版の「DaVinci Resolve Studio 19」の2種類があります。2025年3月の時点では、公式サイトでの有料版の価格は¥48,980（税込価格）となっています。

　無料版では、有料版で使用可能な一部の機能が利用できませんが、利用できない機能の多くはプロフェッショナル向けの機能です。無料版でも9割以上の機能は問題なく利用できますし、YouTubeで一般的に見かけるような動画を作成するのであれば、不足する機能はほぼありません。また、使用可能な期間や書き出せる動画の長さなどの制限もありませんし、書き出した動画に常に透かしが入るわけでもありません（有料版のエフェクトの中には透かし入りで使用できるものもあります）。

　DaVinci Resolveには、無料版でさえも初めて使うユーザーの想像を超えたレベルで豊富な機能が搭載されています。どれだけ機能が豊富であるかは、付属のPDFのマニュアルのページ数が4,000ページを超えていることからもうかがい知ることができます。

　DaVinci Resolveには一冊の書籍ではすべてを解説できないほどの膨大な量の機能が搭載されていますので、本書では無料版で利用可能な機能のうち、一般的な動画編集で必要になる機能を中心に厳選して解説しています。

補足情報

有料版でしか利用できない機能やエフェクトの具体例としては、「自動文字起こし」「フィルムルック・クリエイター」「Dialogue Separator」「Voice Isolation」「Music Remixer」「IntelliTrack」「マジックマスク」「スピードワープ」「フィルムグレイン」「ノイズ除去」「フリッカー除去」「オブジェクト除去」「ブラー（ティルトシフト）」「フェイス修正」「ビューティー」「レンズ補正」などが挙げられます。

OS別の動作環境

DaVinci Resolveには、無料版・有料版ともにmacOS版・iPad版・Windows x86版・Windows ARM版・Linux版の5種類が用意されています。2025年1月の時点での公式サイトによる動作環境は次のとおりです（iPad版についてはApp Storeに掲載されていた情報です）。

▶ macOS版
OSのバージョン：macOS Ventura 13 以上
システムメモリ：8GB以上（Fusionを使用する場合は16GB以上）

▶ iPad版
OSのバージョン：iPadOS 17.0 以上
※A12 Bionicチップ以降を搭載したデバイスが必要

▶ Windows x86版
OSのバージョン：Windows 10 Creators Update 以上
システムメモリ：16GB以上（Fusionを使用する場合は32GB以上）

▶ Windows ARM版
OSのバージョン：Windows 11 以上
システムメモリ：16GB以上（Fusionを使用する場合は32GB以上）

▶ Linux版
OSのバージョン：Rocky Linux 8.6
システムメモリ：32GB以上

ダウンロードの手順

ここでは、「DaVinci Resolve 19」をBlackmagic Design社の公式サイトからダウンロードする際の手順を紹介します。ダウンロードをするには、名前やメールアドレスなどの個人情報を入力する必要があります。

1 公式サイトの「DaVinci Resolve 19」のページを開く

ウェブブラウザで次のページを開き、「今すぐダウンロード」と書かれた部分をクリックします。

・https://www.blackmagicdesign.com/jp/products/davinciresolve

> **補足情報**
>
> macOS版は、App Storeからダウンロードすることも可能です。ただし、App Storeの無料版は、LUTなどの付属ファイルの保存場所がその他の版とは異なっている場合があります。Blackmagic Design社が無料で提供している公式トレーニングブック（PDF）を使って学習するのであれば、同社の公式サイトからダウンロードしてインストールすることが推奨されています。

> **補足情報**
>
> iPad版は、Blackmagic Design社の公式サイトからはダウンロードできません。App Storeにて、一般的なアプリと同様にダウンロードしてください。なお、ダウンロードが可能なのは、無料版だけです。無料版のDaVinci Resolve内からライセンスを購入することで、有料版にバージョンアップできます。

2 プラットフォームを選択する

画面が切り替わって、2種類のDaVinci Resolveが表示されます。左側が無料版で、右側が有料版です。
無料版のDaVinci Resolve 19をインストールするのであれば、左側の4つのプラットフォームの中からインストールするOSのボタンをクリックしてください。

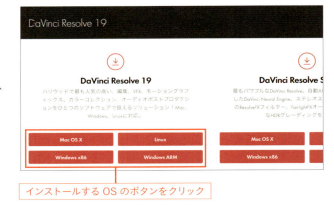

インストールするOSのボタンをクリック

3 個人情報を入力する

個人情報を登録する画面が表示されます。名前やメールアドレスなどの必要事項を入力して、右下の［登録&ダウンロード］ボタンをクリックしてください。

必要事項を入力後、クリック

> **ヒント**
>
> 項目名のあとに「＊」が付いているのが必須項目です。それ以外は入力しなくてもかまいません。

4 ダウンロードが開始される

［登録&ダウンロード］ボタンをクリックすると自動的にダウンロードが開始されます。

> **ヒント**
> ダウンロードが開始されない場合は、画面中央下部のボタンをクリックしてください。

5 インストール用のファイルがダウンロードされた

DaVinci Resolve 19をインストールするファイルがダウンロードされます。

インストールの流れ（macOS）

　DaVinci Resolveをインストールするには、インストーラを起動し、インストールガイドに従って操作してください。基本的には、各プラットフォームの一般的なアプリケーションのインストール手順と同様の操作でインストールできます。ここでは、DaVinci ResolveをmacOSにインストールする際の作業の流れを紹介しておきます。

1 ダウンロードしたZIPファイルを展開する

ダウンロードしたZIPファイルをダブルクリックして展開します。

Chapter 1　DaVinci Resolveの概要　　015

2 展開されたファイルを開く

拡張子が「.dmg」のファイルが現れますので、ダブルクリックして開きます。

3 dmgファイルがマウントされ中身が表示される

ディスクイメージがマウントされ、その内容が表示されます。

4 インストーラを起動する

拡張子が「.pkg」のファイルをダブルクリックして開きます。

5 [続ける]をクリックする

インストーラが起動されます。インストールを開始するには、画面右下の[続ける]をクリックします。

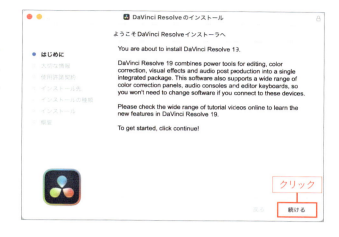

6 表示された情報を確認し[続ける]をクリックする

インストールする「DaVinci Resolve 19」に関する情報が表示されます。画面右下の[続ける]をクリックします。

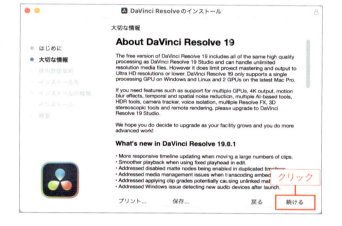

7 使用許諾契約を確認し[続ける]をクリックする

使用許諾契約の文章が英語で表示されます。インストールを続けるには、画面右下の[続ける]をクリックします。

8 [同意する] をクリックする

使用許諾契約の条件に同意するかどうかを確認するダイアログが表示されます。インストールを続けるには [Agree（同意する）] をクリックします。

9 [インストール] をクリックする

標準インストールで問題なければ、画面右下の [インストール] をクリックします。

> **補足情報**
> [カスタマイズ] をクリックした場合には、標準でインストールされる「DaVinci Resolve」「DaVinci Control Panels」「Blackmagic RAW Player」に加えて、「Fairlight Audio Accelerator」をインストールできます。

10 パスワードを入力する

Macに現在ログインしているユーザーのパスワードを入力します。[ソフトウェアをインストール] をクリックすると実際のインストール作業が開始されます。

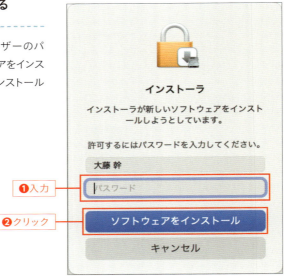

11 [閉じる]をクリックする

インストールが完了すると、右の画面に切り替わります。[閉じる]をクリックすると、インストールが完了します。

インストールの流れ（Windows）

続いて、Windows 11にインストールする際の作業の流れを紹介しておきます。

1 ダウンロードしたZIPファイルを展開する

ダウンロードしたZIPファイルを右クリックして［すべて展開...］を選んで展開します。次に表示された画面で［展開］をクリックします。

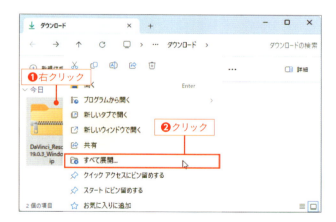

2 インストーラを起動する

拡張子が「.exe」のファイルが現れますので、ダブルクリックして開きます。ユーザーアカウント制御のダイアログが表示されたら、[OK]をクリックします。

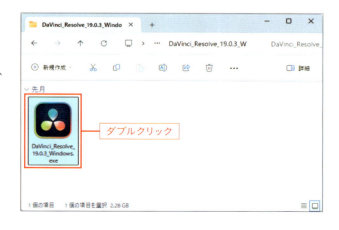

3 「DaVinci Resolve 19」にチェックを入れる

インストーラが起動されます。「DaVinci Control Panels」と「DaVinci Resolve 19」にチェックが入っていることを確認し、ほかにもチェックが入っている項目があったら、そのままにして［Install］をクリックします。さらに次の画面で［Next］をクリックします。

4 使用許諾契約を確認し［Next］をクリックする

使用許諾契約の文章が英語で表示されます。インストールを続けるには「I accept the terms in the License Agreement」にチェックを入れて［Next］をクリックします。

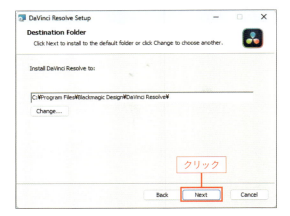

5 インストール場所を確認する

インストールする場所が表示されます。問題なければ［Next］をクリックします。次の画面で［Install］をクリックします。

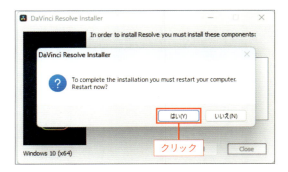

6 ［はい］をクリックする

インストールが完了すると、右の画面に切り替わります。必要に応じてコンピュータを再起動します。

DaVinci Resolveの画面構成

DaVinci Resolveのメイン画面には、それぞれ役割の異なる7つのページがあります。また、制作する動画のプロジェクトを管理したり設定するために、2種類の専用ウィンドウが用意されています。これらはすべて、メイン画面のいちばん下の領域のアイコンをクリックすることで簡単に表示させられるようになっています。

基本となる画面の構成と切り替え方

　DaVinci Resolveで頻繁に使用する画面は、画面のいちばん下の領域にあるアイコンで切り替えられます。中央寄りに表示されている7つのアイコンはメイン画面を切り替えるためのもので、右側の2つのアイコンはプロジェクトの管理・設定ウィンドウを表示させる際に使用します。

> **用語解説：プロジェクト**
>
> ここでいうプロジェクトとは、動画を作りあげるためのプロジェクトのことを指しています。DaVinci Resolveを使って新しく動画を作る際には、はじめに1つのプロジェクトを作らなければなりません（p.034）。動画の編集データはプロジェクト単位で管理され、動画のサイズやフレームレートなどはプロジェクトごとに設定できます。

画面最下部の領域内にあるアイコンでページを切り替えたり、ウィンドウを表示させたりする

> **ヒント：画面の文字がすべて英語になっている場合**
>
> 画面が日本語化されていない場合は、環境設定（Preferences）の画面で日本語化できます。はじめに「DaVinci Resolve」メニューから「Preferences...」を選択して、環境設定の画面を開きます。次に上中央付近にある「User」タブをクリックし、表示される「Language」メニューで「日本語」を選んでください。右下にある「Save」ボタンをクリックすると「Preferences Updated」と書かれたダイアログが表示されますので、「OK」ボタンをクリックします。この段階では、画面はまだ英語のままです。画面を日本語に切り替えるには、DaVinci Resolveを再起動する必要があります。
>
>

> **ヒント：ページを切り替えるアイコンの下に文字が表示されていない場合**
>
> 画面最下部の領域内を右クリック（1ボタンマウスの場合は［control］キーを押しながらクリック）し、表示されるメニューから「アイコンとラベルを表示」を選択するとアイコンの下に文字が表示されます。ただしメイン画面を表示する領域が狭い（十分な高さが確保できていない）場合は、「アイコンのみ表示」しか選択できなくなります。
>
>

プロジェクトの管理・設定ウィンドウ

プロジェクトに関する操作は、画面右下のアイコンで表示させられる2つのウィンドウで行います。

家のアイコン🏠で表示されるのは「プロジェクトマネージャー」のウィンドウで、この画面では新規にプロジェクトを作成したり、作成済みのプロジェクトを開くことなどができます。このウィンドウは、DaVinci Resolveを起動するたびに最初に表示されます。

歯車のアイコン⚙をクリックすると、「プロジェクト設定」のウィンドウが表示されます。この画面では、現在開いているプロジェクトで作成する動画のサイズ（解像度）やフレームレート（fps）などが設定できます。

> **用語解説：解像度**
>
> プロジェクト設定内の項目にある解像度（タイムライン解像度）とは、現在開いているプロジェクトで作成する==動画の幅と高さのピクセル数==のことです。「1920 x 1080 HD」「3840 x 2160 Ultra HD」などが選択できます。「縦長の解像度を使用」にチェックを入れると、幅と高さのピクセル数が入れ替わって縦長の動画になります。

> **用語解説：フレームレート**
>
> フレームレート（タイムラインフレームレート／再生フレームレート）とは、現在開いているプロジェクトで作成する動画の==1秒あたりのコマ数==のことです。一般にfps（frames per second = フレーム/秒）という単位であらわされるもので、初期状態では24fps（映画と同じ）になっています。

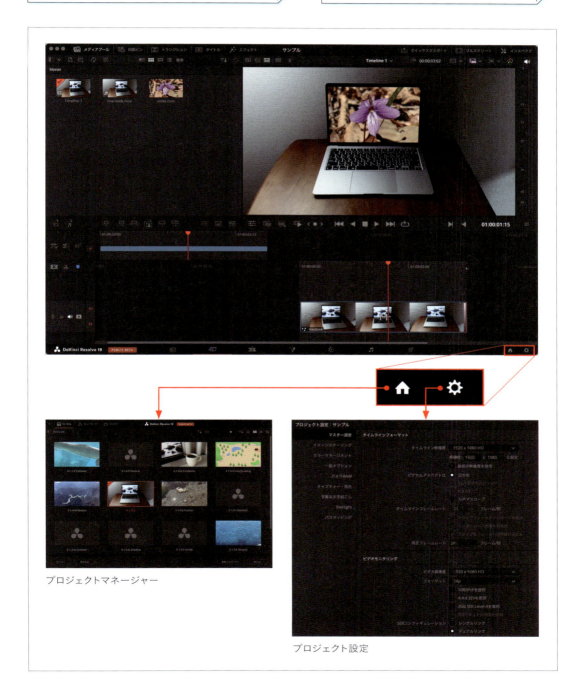

プロジェクトマネージャー

プロジェクト設定

Chapter 1 | DaVinci Resolveの概要 023

> **補足情報：メニューから開くことも可能**
>
> 「ファイル」メニューの「プロジェクトマネージャー…」と「プロジェクト設定…」を選択しても、それぞれのウィンドウが表示できます。

> **補足情報：データベースの管理もできる**
>
> 「プロジェクトマネージャー」の左上のアイコンをクリックすると==プロジェクトライブラリサイドバー==（旧データベースサイドバー）が表示されます。
> DaVinci Resolveのデータはデータベースに保存されているのですが、ここでその管理を行うこともできます。データがどこに保存されているのか知りたい場合は、このサイドバーで「詳細」アイコン 🛈 をクリックしてデータのパスを確認してください。「Finderで表示」（Windowsでは「ファイルロケーションを開く」）ボタンをクリックすることで、保存されているデータをFinderやエクスプローラーで開くこともできます。

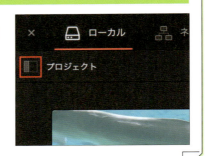

用途別の7つの専用ページ

　DaVinci Resolveのメイン画面は、画面下中央のアイコンで切り替えられます。このアイコンは基本的には「==動画制作の作業の流れ==」の順に左から並べられています。とはいっても、必ずしもその順にページを移動して作業する必要はありません。特に初心者であれば「カットページ」を中心に使用して、必要がある場合にのみ別のページに移動して作業するのが効率的です。

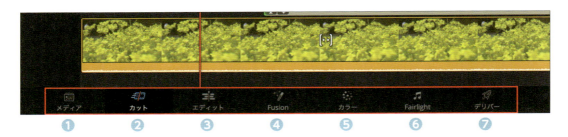

❶メディアページ（読み込み専用ページ）

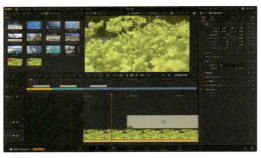

❷カットページ（高速編集ページ）

❸エディットページ(詳細編集ページ)

❹Fusionページ(合成・加工専用ページ)

❺カラーページ(色専用ページ)

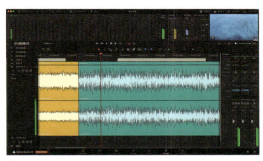
❻Fairlightページ(音専用ページ)

❼デリバーページ(書き出し専用ページ)

> **補足情報：メニューから開くことも可能**
>
> 「ワークスペース」メニューの「ページの切り替え」でページを切り替えることも可能です。その下の項目の「ページの表示」で7つのアイコンそれぞれの表示／非表示を切り替えることもできます。さらにその下の「ページナビゲーションを表示」のチェックをはずすと、画面最下部の領域全体を非表示にできます。

❶ メディアページ

保存済みの素材（動画のほかに画像や音声などのファイルも含む）を一覧表示させ、再生して確認し、これから作成する動画に必要なファイルを選んで読み込むための専用ページです。実際にはファイルを読み込むのではなく、素材ファイルへのリンクを作成し、使用するファイルとプロジェクトを関連付けているだけです。単純な読み込み作業であれば、このページ以外でも行えます（デリバーページを除く）。

❷ カットページ

短時間で動画を作成することを目的とした動画編集のための総合ページです。素材の読み込みから編集して書き出すまでに必要となる基本的な作業は、すべてこのページで行えるようになっています。初心者の方はこのページを中心に使用して、このページではできない、またはやりにくい作業をするときにのみ他の専用ページに移動するのがよいでしょう。

Chapter 1 | DaVinci Resolveの概要

❸ エディットページ

DaVinci Resolveにおける動画編集のためのメインページです。スピードと効率を重視してさまざまな面で簡略化されているカットページとは異なり、エディットページでは豊富な編集機能が利用できます。また、エディットページでは映像と音声のクリップを個別のトラックとして扱えるため、カットページと比較すると音声やBGMの細かい調整がやりやすくなっています。

❹ Fusionページ

高度で複雑な映像の合成・加工を行うための専用ページです。映像に何かを追加してそれを自由自在に動かしたり、映像の一部を消したり、煙や湯気のようなものを生成させたり、ロゴやテキストを煙のようにして消すことなどができます。

❺ カラーページ

動画の色を調整するための専用ページです。明るさやコントラスト、彩度、色相、色温度などが細かく調整できます。カラーコレクションやカラーグレーディングと呼ばれる作業をする際には、このページを使用します。

❻ Fairlightページ

動画の音を調整するための専用ページです。総合的なオーディオ編集環境が用意されているため、バランスのとれたミキシングを行うことが可能です。単純な素材ファイル単位のボリューム調整であればカットページでも可能ですし、それよりも多少高度なボリューム調整はエディットページで行えます。

❼ デリバーページ

編集した動画を書き出すための専用ページです。書き出しについて細かく指定したい場合や、自分専用の書き出しパターンを登録して簡単に書き出しを行えるようにする際などに使用します。

素材の準備と編集作業の流れ

DaVinci Resolveで動画編集を行う際に素材として使用する動画ファイルは、アクセス可能なディスク上にあらかじめ保存しておく必要があります。編集した動画のデータはDaVinci Resolveが管理しますが、素材として使用する動画などのファイルは自分で管理する必要があります。編集作業は、はじめにプロジェクトを新規作成し、そこに素材を読み込んでから開始します。

DaVinci Resolveで扱うデータについて

DaVinci Resolveで扱うデータは、素材データと編集データの2種類に大きく分けられます。素材データとは、素材として使用する動画や音声、画像などのファイルのことで、これらは編集作業を開始する前にディスク上の任意の位置に自分で場所を決めて保存しておく必要があります。編集データとは、DaVinci Resolveで行った編集内容が保存されるデータのことで、それらはデータベースによって管理・保存されます。DaVinci Resolveの「ファイル」メニューにある「プロジェクトを保存」を選択して保存されるのは、この編集データだけです。

用語解説：フッテージ

撮影したままの未加工・未編集の動画素材のことをフッテージと言います。Blackmagic Design社の公式サイトやネット上の解説記事などでもよく使われている用語ですので覚えておきましょう。

DaVinci Resolveで編集作業を行っても、素材データは一切変更されません。元の素材を参照し、その素材のどこからどこまでを使って、それをどう加工して表示させるか、といった情報が編集データ側に保存されるだけです。このような素材データに一切手を加えない編集方式は「非破壊編集」と呼ばれています。

DaVinci Resolveには素材データを読み込んでいるかのような作業工程がありますが、それは実際に素材ファイルを読み込んでいるのではなく、素材ファイルの場所を確認して関連付けているだけです。したがって、読み込みの操作を行っても、その素材データ自体は編集データの中には入っていません。

このような仕様となっているため、一旦読み込んだ（関連付けた）ファイルの場所をあとから移動させたり、フォルダーやファイルの名前を変更したりするとリンクが切れてしまい、その素材データは一時的に使用できなくなります。再び使用できるようにするためには、リンクの操作を行う必要がありますので注意してください。

Chapter 1 | DaVinci Resolveの概要

DaVinci Resolveで扱うデータは2種類ある

　DaVinci Resolveでは動画をプロジェクト単位で作成しますが、一般的な動画編集ソフトのようにプロジェクトごとに個別のデータが保存されるわけではありません。同じデータベース内のすべてのプロジェクトは<mark>まとめて管理</mark>されます。

> **補足情報：データベースは複数作成できる**
>
> データベースは新規に作成して追加することも可能です。データベースを複数作成することで、プロジェクトのデータをデータベース単位で分けて保存することができます。このようにした場合、編集データのバックアップと復元はデータベース単位で別々に行えるようになります。

　ただし、ある環境で作成していたプロジェクトの作業を別の環境で継続することが可能となるように、<mark>プロジェクトの編集データを個別に書き出す</mark>ことは可能です。書き出す際には、編集データと素材データをセットにして（素材データを1つのフォルダーにまとめて）書き出すこともできますし、素材データを含めずに編集データだけを書き出すこともできます。素材データを含めずに書き出した場合は、素材データは自分で移行し、必要に応じて再リンクを行う必要があります。

> **ヒント：編集データと素材データのデータ量**
>
> 数分程度の長さの動画であれば、1つのプロジェクトの編集データを書き出した容量は一般に数MBです。編集データには素材として使用している動画のデータは含まれていないからです。それに対して素材データの容量は、数分程度の長さの動画であっても数百MB〜数GBとなります。

素材データの準備

　DaVinci Resolveの素材データの保存場所は、DaVinci Resolveからアクセス可能なディスク上であれば基本的にはどこでもかまいません。しかし、編集作業を開始したあとに素材ファイルを移動させると、素材へのリンクが切れてしまい<mark>再リンクする</mark>必要が生じます。そのため、新しいプロジェクトで使用する動画などの素材ファイルを入れる場所は、<mark>編集作業を開始する前に確定</mark>しておく必要があります。はじめに固定的に場所さえ決めてしまえば、あとから素材を追加して使用してもまったく問題はありません。

　一般的には、1つのプロジェクトに対して1つのフォルダーを作成して、「年月日＋タイトル」

のようなパターンで名前をつけて管理している人が多いようです。毎日のように新しいプロジェクトを作成する人であれば、たとえば「2025」のような「年」のフォルダーを作り、さらにその中に「01」のような「月」のフォルダーを作って、「日＋タイトル」のように整理してフォルダー分けするのもいいかもしれません。

また、他のプロジェクトでも使用する可能性の高いBGMや効果音などの音声データは、個別のプロジェクトのフォルダーではなく共有するデータ専用のフォルダーに入れておくと、データを重複して保管する必要がなくなります。

ヒント：文字化けしない名前にするには？

さまざまな環境でデータの受け渡しをすることが想定される場合は、フォルダー名やファイル名が文字化けすることのないように注意して名前を付けてください。もし文字化けが発生してしまうと、再リンクが必要になったり、最悪の場合は素材を再度読み込んで編集し直す必要が生じるからです。文字化けが発生しないようにするには、全角文字は使用せずに半角の英数字のみ使用し、記号を使う必要がある場合はアンダースコア（ _ ）だけを使うといいでしょう。

動画編集の主な作業とその順序

一口に動画編集といっても、制作する動画の種類や制作者の意図などによって具体的な作業内容は変わってきます。あくまで「ありがちな例のひとつ」ということになりますが、DaVinci Resolveを使って動画編集を行う際には次のような作業を順に行っていくことになります（「3. 編集作業」内の各項目については順不同となります）。

作業の順序と内容	使用する主なページ
1. プロジェクトを作成する	
2. 素材データを読み込む	デリバー以外の任意のページ
3. 編集作業	
・素材の使う部分を時間軸に沿って並べる	カットページ／エディットページ
・動画に含まれている音声の調整	カットページ／エディットページ／ Fairlightページ
・BGMや効果音の追加	カットページ／エディットページ／ Fairlightページ
・テロップを入れる	カットページ／エディットページ
・トランジションや視覚効果の追加	カットページ／エディットページ／ Fusionページ
・色の調整	カラーページ
5. 完成した動画を書き出す	カットページ／エディットページ／デリバーページ

DaVinci Resolveによる動画編集の主な作業とその順序

DaVinci Resolveを起動すると、まずは「プロジェクト設定」のウィンドウが表示されますので、そこで新規にプロジェクトを作成するか、すでに作成済みのプロジェクトを開きます。新規にプロジェクトを作成した場合は「カットページ」が表示され、作成済みのプロジェクトを開いた場合は最後に作業していたページが表示されます。

Chapter 1 | DaVinci Resolveの概要

前ページの表では各作業工程で使用する主なページを示していますが、複数のページが示してあるものについてはその中の任意のページを使うことになります。もちろんどのページでもまったく同じ内容の作業ができるということではなく、専用のページを使った方がより詳細な調整が可能となります。しかし詳細な調整を行うのでなければカットページとエディットページでほとんどのことができてしまうことがわかると思います。

DaVinci Resolveを初めて使う方は、操作も画面もシンプルでわかりやすいカットページの使い方を最初に覚えることをオススメします。そうすることで、短期間で全体的な作業を行えるようになるからです。そしてカットページではできない、もしくはやりにくい作業を別のページで行う方法を徐々に覚えていくことで、自分が必要とする操作方法を効率よく学んでいくことができるでしょう。

メディアプールとタイムライン

Chapter 2以降の解説をしっかり理解できるようにするために、ここでDaVinci Resolveの「メディアプール」と「タイムライン」について説明しておきます。両方ともDaVinci Resolveでの動画編集においては頻繁に使用する作業領域で、さまざまな機能と深く関わっています。「メディアプール」と「タイムライン」は、カットページとエディットページをはじめとするいくつかのページで利用可能ですが、ここではカットページを例にしてその領域と役割について説明します。

カットページのメディアプールとタイムライン

「メディアプール」は、新しくプロジェクトを作成してカットページが開いたときに画面の左上に表示される領域です。この領域に表示される内容はタブで切り替えられるようになっていますが、初期状態では「メディアプール」が表示されています。

「メディアプール」はわかりやすく言えば、素材データを読み込むための領域です。正確に言えば、プロジェクトで素材として使用するファイルを関連付け、そのファイルを参照して使用できるようにサムネイルで表示している領域です。ファイルを関連付ける方法はいくつか用意されていますが、単純に素材をこの領域にドラッグ＆ドロップするだけでも関連付けを行うことができます。

> **用語解説：サムネイル**
> DaVinci Resolveのメディアプールの場合は、関連付けた動画ファイルの内容がわかるように動画内の1フレームを画像にして縮小しアイコンとして表示させたものを指します。画像ファイルの場合は画像を縮小したもの、音声ファイルの場合はその波形がアイコンとして表示されます。

「タイムライン」は画面の下半分のうちの最も広い領域で、ここに素材を並べていくことで動画を作成します。動画の編集作業を行う際の中心となる領域です。この領域は左端が動画の開始位置になっており、右側に行けば行くほど時間が経過する時間軸のようになっています。基本的には、前後の不要な部分をカットした動画の素材を見せたい順にここに並べていくことで動画を作成していきます。

「メディアプール」にある素材をドラッグ＆ドロップなどの操作で「タイムライン」に最初に配置したときに、新しいタイムラインのファイル（タイムライン内で編集した内容がすべて保存されるファイル）が自動的に作成されます。このファイルは初期状態では「Timeline 1」という名前で、「メディアプール」の中に表示されます。

自動的に生成されるタイムラインのファイル

この「Timeline 1」というファイルは、複製することもできますし、別のプロジェクトからコピーしてきて使うこともできます。プロジェクトには複数のタイムラインを持たせることができ、それらを切り替えて使用できます。また、不要なタイムラインは削除することも可能です。

ヒント：空のタイムラインの作成方法

タイムラインのファイルは、「ファイル」メニューの「新規タイムライン...」を選択することでも作成できます。また、メディアプール内の何もないところを右クリックして「新規タイムラインを作成...」を選択しても空のタイムラインが作成できます。

用語解説：クリップ

メディアプールやタイムラインに表示される各素材ファイルのことを「クリップ」と言います。クリップには動画だけでなく音声や画像のファイルも含まれます。動画のクリップをビデオクリップ、音声のクリップをサウンドクリップまたはオーディオクリップと呼ぶ場合もあります。

Chapter

2

編集前と後の作業

この章では、動画編集を開始する前に行う作業と、編集完了後に行う作業についてあらかじめ説明しておきます。具体的には、プロジェクトの新規作成と設定の方法、素材データの読み込み方と管理方法、完成した動画の書き出し方、データベースの管理方法について解説します。

2-1 プロジェクトの操作

DaVinci Resolveを起動すると、毎回はじめに表示されるのが「プロジェクトマネージャー」です。ユーザーがそこでプロジェクトを新規に作成するか、作成済みのプロジェクトを選択して開くと編集画面が表示されます。ここでは、そのプロジェクトマネージャーを使って行う新規プロジェクトの作り方と削除の方法、プロジェクトのバックアップの設定と復元の手順などについて説明します。

新規プロジェクトの作り方

DaVinci Resolveを起動すると最初に「プロジェクトマネージャー」のウィンドウが表示されます。その状態で次のいずれかの操作を行うことで、新規プロジェクトを作成できます。

- Ⓐ 右下の「新規プロジェクト…」ボタンをクリックする
- Ⓑ プロジェクトの表示されていない領域を右クリックして「新規プロジェクト…」を選択する
- Ⓒ 左上の「名称未設定のプロジェクト（Untitled Project）」をダブルクリックする
- Ⓓ 「ファイル」メニューから「新規プロジェクト…」を選択する（Macのみ。Windowsでは新規プロジェクトを作成しないと上部に「ファイル」メニューが表示されません）

> **ヒント：Macで右クリックする方法**
> Macを使っていて右クリックができない場合は、[control]キーを押しながらクリックしてください。

> **ヒント：名称未設定のプロジェクト＝Untitled Project**
> DaVinci Resolveのバージョンによっては、「名称未設定のプロジェクト」は「Untitled Project」と英語で表示される場合があります。

新規プロジェクトを作成する方法。「ファイル」メニューからも作成できる

> **補足情報：すでにプロジェクトを開いている場合**
>
> メイン画面の右下にある家のアイコン🏠をクリックすることで「プロジェクトマネージャー」のウィンドウを開き、新規プロジェクトを作成できます（この場合は「名称未設定のプロジェクト」は表示されません）。また、「ファイル」メニューの「新規プロジェクト...」を選択することで、「プロジェクトマネージャー」のウィンドウを開くことなく新規プロジェクトを作成することもできます。

> **補足情報：新規プロジェクトを作ると最初にカットページが開く**
>
> 前記の4種類のどの操作を行っても、最初に開かれるのはカットページです。そのままファイルを読み込んで、すぐに編集作業を開始できます。

ただし、Ⓐ～Ⓓの4つの方法のうちどの方法で新規プロジェクトを作成したかによって、==プロジェクトの名前をつけるタイミング==が違ってきます。ⒶⒷⒹの「新規プロジェクト...」を選択した場合はその==直後==に名前をつけられるのですが、Ⓒの「名称未設定のプロジェクト（Untitled Project）」を使用した場合は名称未設定のまま編集作業を開始し、==プロジェクトを保存する段階==（「ファイル」メニューから「プロジェクトを保存...」を選択したときやDaVinci Resolveを終了しようとしたときなど）になってはじめて名前をつけることができます。

> **ヒント：オススメは「新規プロジェクト...」**
>
> 「新規プロジェクト...」ボタンまたは右クリックで「新規プロジェクト...」を選択した場合は、「プロジェクトマネージャー」のウィンドウが表示された状態のままで名前がつけられます。そのため、名前をつける際に==他のプロジェクトの名前を参照できます==ので、決まった書式で名前をつけることにしている場合には便利です。とはいえ、名前を間違ってつけてしまった場合は、「プロジェクトマネージャー」を開いてサムネイルまたは名前を右クリックして「名前を変更...」を選択することでいつでも名前を修正できます。

プロジェクトの開き方と切り替え方

プロジェクトを開いたり切り替えたりするには「プロジェクトマネージャー」のウィンドウが表示されている必要があります。表示されていない場合は、メイン画面右下の家のアイコン🏠をクリックして表示させてください。

「プロジェクトマネージャー」ですでに作成済みのプロジェクトを開くには、プロジェクトのサムネイルまたは名前をダブルクリックします。プロジェクトを開くと、それまで開いていたプロジェクトは==自動的に閉じられます==。プロジェクトの切り替えは、このように新しくプロジェクトを開くことによって行います。

> **ヒント：右クリックでも開ける**
>
> プロジェクトは「右クリック」して「開く」を選択しても開けます。

> **ヒント：「ファイル」メニューから開く方法もある**
>
> 最近使用したプロジェクトであれば、「プロジェクトマネージャー」を開くことなく「ファイル」メニューの「最近のプロジェクトを開く」から選択して開くこともできます。

プロジェクトマネージャー上のプロジェクトをダブルクリックすると開く

Chapter 2 ｜ 編集前と後の作業

2-1 プロジェクト間でのコピー＆ペースト

プロジェクトを切り替えることで、任意のプロジェクトのデータを別のプロジェクトにコピー＆ペーストすることができます。たとえば、あるプロジェクトを開いてメディアプールやタイムラインにあるクリップをコピーし、別のプロジェクトに切り替えてからクリップをペーストすることが可能です。

> **ヒント：タイムラインのクリップには素材もついてくる**
>
> タイムラインに配置してあるクリップをコピー＆ペーストすると、その素材であるクリップもメディアプール内に自動的にコピーされます。

> **ヒント：プロジェクトの編集データをまるごとコピーしたい場合**
>
> タイムライン上の編集データをすべてコピーしたい場合は、タイムラインにあるすべてのクリップを選択してコピーするよりも、メディアプールの領域内にある「Timeline 1」のような名称のタイムラインのデータをコピー＆ペーストする方が簡単です。このファイル1つをコピー＆ペーストするだけで、そこで使用されているすべての素材クリップもメディアプール内に自動的にコピーされます。

通常は新しいプロジェクトを開くと、それまで開いていたプロジェクトは自動的に閉じられますが、閉じずにメモリ上に残したまま新しいプロジェクトを追加して開く機能もあります。それが「プロジェクトマネージャー」を右クリックすることで選択可能な「ダイナミック プロジェクト スイッチング」です。DaVinci Resolveのメイン画面には1度に1つのプロジェクトしか表示できませんが、この項目にチェックを入れておくことでメイン画面最上部の中央に表示されているプロジェクト名をクリックするだけで別のプロジェクトに切り替えられるようになります。

ただし複数のプロジェクトを同時に開くとそれだけメモリを多く消費します。必要な処理が済んだら「ダイナミック プロジェクト スイッチング」のチェックを外してオフにしておきましょう。

> **ヒント：ダイナミック プロジェクト スイッチングの役割**
>
> ダイナミック プロジェクト スイッチングは、メモリを大量に消費するのと引き換えに、プロジェクトを切り替える際の手間と時間を節約するための機能です。したがって、複数のプロジェクト間を何度も行ったり来たりする必要がある場合には大変役立ちますが、いくつかのクリップをコピーするだけであれば特に使用する必要はありません。

この項目をチェックすることで内部的に複数のプロジェクトを同時に開けるようになる

プロジェクトの削除

　プロジェクトを削除するには、「プロジェクトマネージャー」のウィンドウ上にあるプロジェクトのサムネイルまたは名前を右クリックしてください。「削除...」という項目がありますので、それを選択することで削除できます。

1 「プロジェクトマネージャー」を開く

「プロジェクトマネージャー」のウィンドウが開いていない場合は、画面右下の家のアイコン🏠をクリックして開きます。

2 削除するプロジェクトを右クリックして「削除...」を選択する

削除するプロジェクトの名前またはサムネイルを右クリックして「削除...」を選択してください。

ヒント：[delete] キーでもOK
プロジェクトを選択して [delete] キーを押しても削除できます。

補足情報：開いているプロジェクトは削除できない
右クリックして「削除...」が表示されるのは、その時点で開いていないプロジェクトだけです。すでに開いているプロジェクトは、一旦閉じないと削除できません。

3 「削除」ボタンをクリックする

「プロジェクトを削除しますか？」と書かれたダイアログが表示されます。ここで「削除」ボタンをクリックするとプロジェクトは削除されます。「キャンセル」をクリックすると処理は中止されます。

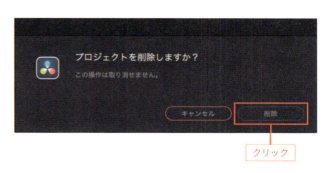

Chapter 2 ｜ 編集前と後の作業　　037

プロジェクトのバックアップ

DaVinci Resolveの編集データは、初期設定で自動的に保存されるようになっています。しかしそれとは別に、データファイルを破損した場合や作業ミスが発生して少し前の状態に戻りたいときなどに備えて、定期的に復旧用のデータ（バックアップ）を自動保存させることも可能です。ここでは、環境設定の「プロジェクトバックアップ」にチェックを入れることで可能になる、プロジェクトデータの「バックアップ」の設定方法について説明します。

1 「DaVinci Resolve」メニューから「環境設定…」を選択する

「DaVinci Resolve」メニューから「環境設定…」を選択して環境設定のウィンドウを開きます。

2 上部中央の「ユーザー」をクリックする

「環境設定」のウィンドウが表示されたら、画面の上の方にある「ユーザー」をクリックします。

3 左側の「プロジェクトの保存＆ロード」をクリックする

「ユーザー」の画面に切り替わったら、左側で縦に並んでいる項目の中から「プロジェクトの保存＆ロード」を選択します。

4 「プロジェクトバックアップ」にチェックを入れる

「プロジェクトバックアップ」という項目が表示されます。この項目をクリックして、チェックマークが表示されている状態にしてください。

> **補足情報:「ライブ保存」と「タイムラインバックアップ」**
>
> 「プロジェクトバックアップ」という項目の上下にある「ライブ保存」と「タイムラインバックアップ」は、最初からチェックされた状態になっています。「ライブ保存」にチェックが入っていると、編集データは編集中に自動的に保存されます。「タイムラインバックアップ」にチェックが入っていると、メディアプールにある「Timeline 1」などのタイムラインのファイルもバックアップされます。

5 必要に応じて「バックアップ頻度」などの項目を調整する

「プロジェクトバックアップ」には4種類の設定可能な項目があり、必要に応じて初期値を変更することも可能です。

「バックアップ頻度」は、何分間隔でバックアップをとるかの指定です。初期値の「10分ごと」だと、10分おきにバックアップがとられることになります。そして、直近の1時間を超えたバックアップは、下の項目の「1時間ごとのバックアップ」として保存され、次の1時間までは1時間を超えた「分ごと」のバックアップは古いものから順に削除されます。「1日ごとのバックアップ」には、その日の最後にとられたバックアップが保存されます。「1時間ごとのバックアップ」と「1日ごとのバックアップ」に関しても、新しいバックアップが保存されると指定期間を越えた古いバックアップから順に削除されます。

> **ヒント:データを変更しなければバックアップはされない**
>
> プロジェクトが変更されていない場合、バックアップはとられません。これによって、必要なバックアップが直近の何も変更されていないプロジェクトのデータで上書きされてしまうことを防ぎます。

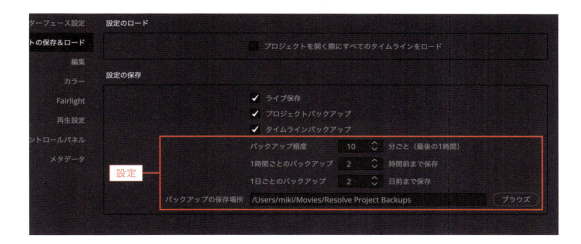

6 「保存」ボタンをクリックする

右下の「保存」ボタンをクリックすると設定が完了し、自動的にプロジェクトのバックアップがとられるようになります。

Chapter 2 | 編集前と後の作業　039

プロジェクトのバックアップを復元する

環境設定の「プロジェクトバックアップ」にチェックを入れることで自動的にとられるバックアップを復元するには、次のように操作してください。

> **補足情報：タイムラインバックアップの復元方法**
> タイムラインのファイルは、エディットページのメディアプール内にあるタイムラインのファイル（Timeline 1など）を右クリックし、「タイムラインバックアップを復元」を選択することで復元できます。また、メディアプールの右上にある「…」をクリックして「削除されたタイムラインバックアップ...」を選択することで、削除してしまったタイムラインを復元することもできます。

1 プロジェクトマネージャーを開く

メイン画面の右下にある家のアイコン🏠をクリックしてプロジェクトマネージャーを開きます。

2 右クリックして「プロジェクトバックアップ...」を選択する

プロジェクトマネージャー上のバックアップを復元したいプロジェクトを右クリックして「プロジェクトバックアップ...」を選択します。

3 一覧から復元したいバックアップを選択する

これまでにとられたバックアップの一覧が表示されますので、その中から復元したいものを選択してください。

4 「ロード」ボタンをクリックする

バックアップを選択した状態で、左下の「ロード」ボタンをクリックします。

> **ヒント：「更新」ボタンの役割**
> 画面下の右にある「更新」ボタンをクリックすると、バックアップの一覧が最新の状態に更新されます。あるはずの最新のバックアップが一覧に表示されていない場合などにお試しください。

5 新しいプロジェクト名をつけて「OK」ボタンをクリックする

復元しようとしているプロジェクトがすでに存在する場合は、新しいプロジェクト名をつけるダイアログが表示されます。既存のものとは重複しない名前を入力したら「OK」ボタンをクリックします。

6 プロジェクトマネージャーにプロジェクトが復元された

プロジェクトマネージャーに復元されたプロジェクトが表示されます。

Chapter 2 ｜ 編集前と後の作業　041

2-2 プロジェクト設定と環境設定

自分の制作スタイルに合わせて早い段階で設定を変更しておくことで、毎回の編集作業を効率化できます。また設定項目の中には、タイムラインフレームレートのように最初に設定しておかないと、あとからでは変更できないものもあります。ここでは、動画編集を開始する前に確認または設定しておくべき項目について説明しておきます。

解像度とフレームレートの設定

新しくプロジェクトを作成して動画編集を開始する前に、プロジェクト設定のウィンドウを開いて現在のプロジェクトの「解像度」と「フレームレート」を確認しておきましょう。

重要:タイムラインフレームレートは変更できなくなる

タイムラインのファイルが作成されてしまうと、「タイムラインフレームレート」は変更できなくなります。タイムラインのファイルは、タイムラインに素材を配置した段階で自動的に作成されますのでご注意ください。

ヒント:「プロジェクト設定」のウィンドウを開くには?

メイン画面の右下にある歯車のアイコン⚙をクリックすると「プロジェクト設定」のウィンドウが開きます。

初期状態では、プロジェクト設定の解像度とフレームレートは右のようになっています。

もしこれ以外の解像度またはフレームレートで動画を制作したい場合は、値を変更してください。

タイムライン解像度	1920 x 1080 HD
タイムラインフレームレート	24フレーム/秒
再生フレームレート	24フレーム/秒

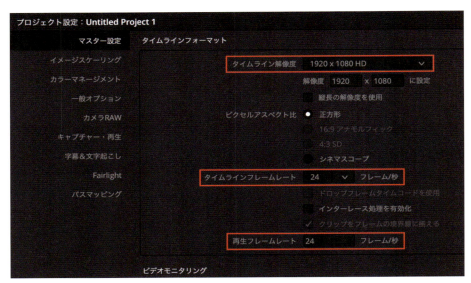

プロジェクト設定のウィンドウ

042

> **補足情報：設定可能な解像度とフレームレートの範囲**
>
> 「タイムライン解像度」と「タイムラインフレームレート」は、メニューに表示される値の中から選択する形式になっています。無料版のDaVinci Resolveでは、「タイムライン解像度」は「720 x 480」〜「3840 x 2160 Ultra HD」の範囲で選択できます。一番上の「Custom」という項目を選択することで幅と高さを数値で入力できるようにはなりますが、「4096 × 2160」のような大きな数値を入力すると自動的に「3840 x 2160」に変更されます。「タイムラインフレームレート」には「16」〜「60」の範囲でフレームレートが選択できます。

「タイムライン解像度」と「タイムラインフレームレート」とは、そのタイムラインで==作成==する動画の「解像度」と「フレームレート」です。それに対して「再生フレームレート」とは、そのプロジェクトの動画を==再生==する際のフレームレートです。「タイムラインフレームレート」と「再生フレームレート」に異なる数値を指定すると、編集中は最終的に作成される動画とは異なる速度で再生されることになりますので、通常は==両方に同じ値==を指定します。

> **補足情報：なぜ2種類のフレームレートがあるのか？**
>
> ひとことで言えば、プロの制作現場で必要になることがあるからです。たとえば、業務用の外部モニターでの再生時のコマ落ちを防ぐために、再生フレームレートを異なる数値にすることがあります。

> **ヒント：タイムラインフレームレートを変更したい場合は？**
>
> タイムラインフレームレートは、タイムラインのファイルが作成されたあとでは変更できません。どうしてもフレームレートを変更したい場合は、新しくタイムラインのファイルを作成し、そこで異なるフレームレートを設定するしかありません。新しいタイムラインのファイルを作成する方法についてはChapter 3の「新規タイムラインの作成方法」を参照してください。

コラム　　「29.97fps」というフレームレートについて

　実は現在の日本のテレビ（地上デジタル放送）のフレームレートは、正確に言えば「29.97fps」です。テレビがアナログで白黒だった時代には「30fps」だったのですが、それがカラーになるときに事情があって「29.97fps」に変更され、そのまま現在に至っています。そのため、カメラによってはそのフレームレートに合わせてあり、表面上はわかりやすく30fpsと書かれていても、実際には29.97fpsであるものもあるようです。

　しかしこの微妙な数値の違いは、テレビで放送するための長めの動画を制作しているのであれば関係がありますが、パソコンで見るための動画を作るのであればあまり気にする必要はありません。フレームレートは基本的には素材として使用する動画に合わせるようにし、どちらにすべきか判断がつかなければ、30fpsを選択しておけばわかりやすく特に問題も発生しないでしょう。

Mac用の色の設定

Mac版のDaVinci Resolveを初期状態のままで使用している場合、ビューアの色が他のアプリケーションと違っていたり、完成した動画を書き出すと色味が変わったりします。この問題を解決するには、「プロジェクト設定」と「環境設定」でそれぞれ次のように設定してください。

2-2 プロジェクト設定と環境設定

1 プロジェクト設定のウィンドウを開く

メイン画面の右下にある歯車のアイコン⚙をクリックして「プロジェクト設定」のウィンドウを開きます。

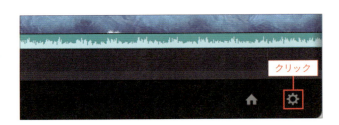

2 左側の「カラーマネージメント」をクリックする

左側で縦に並んでいる項目の中から「カラーマネージメント」を選択します。

3 「出力カラースペース」を「Rec.709-A」に変更する

右側の一番上の「カラースペース&変換」の中にある「出力カラースペース」を「Rec.709-A（Apple製品向けのRec.709）」に変更してください。

4 「保存」ボタンをクリックする

ウィンドウの右下にある「保存」ボタンをクリックすると設定が保存され、ウィンドウは閉じられます。

5 「DaVinci Resolve」メニューから「環境設定...」を選択する

「DaVinci Resolve」メニューから「環境設定...」を選択して環境設定のウィンドウを開きます。

6 左側の「一般」をクリックする

画面上部の「システム」が選択されている状態で、左側で縦に並んでいる項目の中から「一般」を選択します。

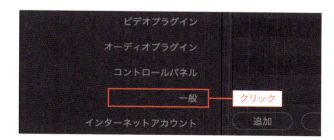

7 2つの項目にチェックを入れる

右側の一番上の「一般環境設定」の中にある「Macディスプレイカラープロファイルをビューアに使用」と「Rec.709 SceneクリップをRec.709-Aとして自動的にタグ付け」にチェックを入れます。

8 「保存」ボタンをクリックする

ウィンドウの右下にある「保存」ボタンをクリックすると設定が保存され、ウィンドウは閉じられます。

9 「OK」ボタンをクリックする

「環境設定が更新されました」と書かれたダイアログが表示されますので、「OK」ボタンをクリックします。

10 DaVinci Resolveを再起動する

DaVinci Resolveを一旦終了させ、再度起動すると変更した設定が有効になります。

新規プロジェクトの初期値の変更

新規にプロジェクトを作成した際（「名称未設定のプロジェクト」を使用した場合も含む）の「プロジェクト設定」の初期値は変更できます。普段自分が作成する動画の解像度やフレームレートがDaVinci Resolveの初期値と違っているのであれば、初期値を変更しておくことで新規プロジェクトを作成するたびにそれらの値を変更する手間が省けます。

ここでは、「プロジェクト設定」の値がすでに初期値として設定したい状態になっているプロジェクトが存在しているという前提で、初期値変更の手順を説明します。

1 プロジェクトマネージャーを開く

メイン画面の右下にある家のアイコン🏠をクリックしてプロジェクトマネージャーを開いてください。

2 「プロジェクト設定」の値を初期値にしたいプロジェクトを開く

「プロジェクト設定」の値が初期値として設定したい状態になっているプロジェクトを開きます。

3 プロジェクト設定のウィンドウを開く

メイン画面の右下にある歯車のアイコンをクリックして「プロジェクト設定」のウィンドウを開きます。

4 …をクリックして「現在の設定をデフォルトプリセットに設定…」を選択する

プロジェクト設定のウィンドウの右上にある …をクリックして、「現在の設定をデフォルトプリセットに設定…」を選択してください。

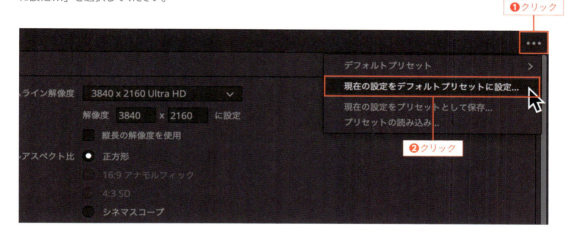

5 「更新」ボタンをクリックする

「プリセットを更新しますか？」と書かれたダイアログが表示されます。「更新」ボタンをクリックすると、現在の設定が新規プロジェクト作成時の初期値として保存されます。

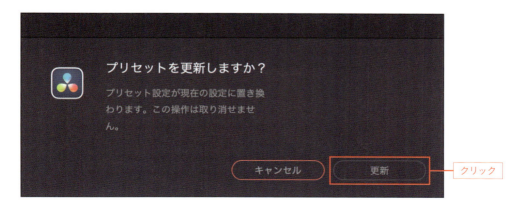

2-3 素材データの読み込み

DaVinci Resolveでは、素材データをメディアプールにドラッグするだけで読み込みは完了します。一度に複数の素材データをドラッグすることも可能です。素材データをフォルダーごと読み込ませることも可能ですが、その結果がどうなるかは読み込ませ方によって異なります。ここでは、そのようないくつかの読み込ませ方について説明していきます。

素材データを実際に読み込むわけではない点に注意

　Chapter 1でも簡単に説明していますが、素材データを読み込む操作をしても、実際に素材データがDaVinci Resolveのデータの中に入れられるわけではありません。読み込みの操作でメディアプールの中に作成される素材データのクリップは、Macで言えば「エイリアス」、Windowsで言えば「ショートカット」のようなもので==データの本体ではありません==。読み込みの操作は、素材データをプロジェクトで使用するデータとして登録し、==保存されている場所を記録（リンク）して参照可能にするため==のものです。

メディアプール内の素材データは、実際に読み込まれているわけではない

　メディアプールの中にあるクリップはデータの本体ではないので、メディアプール内で自由に移動させることができます。また、ビン（メディアプール内のフォルダー）を作成してその中に格納して整理することもできます。クリップをビンの中に入れたからといって、元の素材へのリンクが切れることはありません。

> **用語解説：ビン**
>
> メディアプール内では、フォルダーと同様のものを作成して、そこに読み込んだクリップを入れられるようになっています。DaVinci Resolveでは、そのメディアプール内のフォルダーのことを「ビン」と呼びます。新しく「ビン」を作成するには、メディアプール内を右クリックして「新規ビン」を選択してください。メディアプールには「マスター（Master）」と書かれた階層がありますが、これはメディアプール内での最上位の階層（パソコンで言えばデスクトップ）をあらわしています。

ただし、メディアプール内のクリップは自由に移動させることができますが、元の素材データが保存されている場所を移動した場合は、そのクリップは再リンクするまで使用できなくなります。再リンクする方法については、「クリップを再リンクする（p.064）」を参照してください。

「プロジェクトフレームレートを変更しますか？」の意味

プロジェクトに最初の素材データを読み込ませようとすると、次のようなメッセージが表示されることがあります。

最初の素材データを読み込ませたときに表示されることのあるメッセージ

このメッセージは、読み込ませようとした素材データ（動画ファイル）の中にプロジェクト設定のフレームレートとは異なるフレームレートの動画が含まれていた場合に表示されるもので、わかりやすく書き直すと次のような意味になります。

> - 今読み込んだ素材データのフレームレートは、現在のプロジェクト設定のフレームレートとは異なっています。
> - 読み込んだ素材データのフレームレートに合わせて、プロジェクト設定にある「タイムラインフレームレート」と「再生フレームレート」の値を変更しますか？

プロジェクト設定のフレームレートを変更するのであれば「変更」を選択してください。プロジェクト設定のフレームレートを変更しない場合は「変更しない」を選択してください。

Chapter 2 ｜ 編集前と後の作業　　049

メディアプールにドラッグして読み込む

素材ファイルは、メディアプールの領域にドラッグ＆ドロップするだけで読み込ませることができます。この方法はデリバーページ以外のページで共通して行えます。ただし、メディアプールの領域はタブで表示・非表示を切り替えられるようになっていますので、必ずメディアプールを表示させてからドラッグ＆ドロップしてください。

素材ファイルはドラッグ＆ドロップで読み込ませることができる

素材ファイルは複数まとめてドラッグ＆ドロップできます。また、素材ファイルの入ったフォルダーをそのままドラッグ＆ドロップすることもできますが、その場合はフォルダー内のファイルだけが読み込まれます。フォルダーごと読み込ませたい（フォルダーをそのままメディアプール内のビンにしたい）場合は、これ以降に説明する別の方法で読み込ませてください。

補足情報：フォルダー内にさらにフォルダーがある場合

メディアプールにドラッグ＆ドロップしたフォルダーの中にさらに別のフォルダーがあった場合、その中にある素材ファイルも含めてすべてのファイルがメディアプールの同じ階層に読み込まれます。

ヒント：直接タイムラインにもドラッグできる

素材ファイルはメディアプールだけでなく、タイムラインにもドラッグ＆ドロップできます。タイムラインに配置したクリップは、自動的にメディアプールにも追加されます。

ヒント：読み込みができないときは？

DaVinci Resolveはすべての形式の動画の読み込みに対応しているわけではありません。たとえ同じ拡張子であっても、あるカメラで撮影したものは読み込めるけれど、別のカメラで撮影したものは読み込めない、ということもあります。同じ拡張子であっても内部の形式まで同じとは限らないからです。読み込めない場合、DaVinci Resolveは特にエラーメッセージを出すわけでもなく、ただ読み込まないだけですので注意してください。
素材ファイルが読み込まれなかった場合の対処法としては、そのデータを別の形式に変換するしかありません。その素材ファイルを読み込める別の動画編集ソフトを使用して別形式で書き出すか、動画変換ができるアプリまたはオンラインサービス（「動画 変換」などのキーワードで検索するとたくさん出てきます）などを利用してみましょう。
なお、DaVinci Resolve 19がサポートしているフォーマットとコーデックの詳細な情報（英語）は次のURLで閲覧可能です。

・https://documents.blackmagicdesign.com/SupportNotes/DaVinci_Resolve_19_Supported_Codec_List.pdf

> **コラム** 何かを複数を選択する際の共通操作
>
> パソコン上で何かを複数選択する際の方法は、OSを問わずほぼ共通しています。たとえば、ファイルを「ここからここまで」というように連続して選択したい場合は、「ここまで」のファイルは[shift]キーを押しながらクリックしてください。この操作はMac・Windows・Linuxで共通しています。
>
> 連続した範囲を選択するのではなく、バラバラに1つずつ追加したい場合は、追加したい対象を次のキーを押しながらクリックします。
>
> | | |
> |---|---|
> | Mac | [command] キー |
> | Windows | [control] キー |
> | Linux | [control] キー |

メディアプールのビンリストにドラッグして読み込む

カットページ以外のメディアプールの左側には、ビンをツリー構造で表示する「ビンリスト」と呼ばれる領域があります。

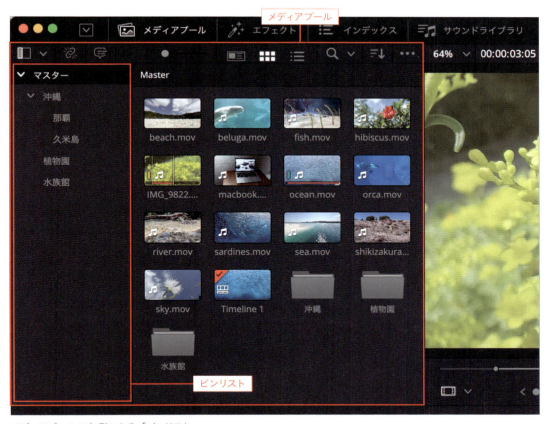

メディアプールの左側にある「ビンリスト」

Chapter 2 編集前と後の作業　051

> **ヒント：ビンリストは表示・非表示を切り替えられる**
>
> ビンリストの上部左端にあるアイコンをクリックすることで、ビンリストを非表示にすることが可能です。同じアイコンをもう一度クリックすると、ビンリストが表示されます。

素材の入ったフォルダーをこの「ビンリスト」の領域にドラッグ＆ドロップすると、フォルダーに入ったままの状態で素材ファイルを読み込ませることができます（フォルダーがそのままビンになります）。読み込ませた直後はビンが開いている状態になりますので、上の階層に戻りたいときは「ビンリスト」の上にある「マスター」をクリックしてください。

> **補足情報：フォルダー内にさらにフォルダーがある場合**
>
> 「ビンリスト」にドラッグ＆ドロップしたフォルダー内にさらに別のフォルダーがあった場合、そのフォルダーも階層を保ったままビンになります。

カットページの2つの専用アイコンで読み込む

カットページでは、メディアプールの左上にあるアイコンをクリックすることで、ファイルを読み込むダイアログを表示させて、そこから素材ファイルを読み込ませることもできます。「メディアの読み込み（Import Media）」アイコンは素材ファイルを選択して読み込ませるためのもので、複数のファイルを選ぶことで一度に複数をまとめて読み込ませることも可能です。「メディアフォルダーの読み込み（Import Media Folder）」アイコンは素材ファイルをフォルダーごと読み込ませるためのもので、読み込まれたフォルダーはそのままメディアプール内のビンになります。

素材をフォルダーごと読み込ませるアイコンも用意されている

> **補足情報：アイコンが表示されないときは？**
>
> メディアプールの表示領域の幅が狭いと、アイコンが1つしか表示されなかったり、場合によっては両方とも表示されなくなります。アイコンが1つ表示されている場合は、その右隣にある「∨」メニュー ▽ から「メディアの読み込み」または「メディアフォルダーの読み込み」を選択することが可能です。アイコンが両方とも表示されていない場合は、インスペクタを閉じるなどしてメディアプールの表示領域の幅を広くしてください。

> **補足情報：フォルダー内にさらにフォルダーがある場合**
>
> 「メディアフォルダーの読み込み」アイコンで読み込んだフォルダー内にさらに別のフォルダーがあった場合、そのフォルダーも階層を保った状態でビンになります。

> **補足情報：右クリックでも読み込める**
>
> メディアプール内のクリップのないところを右クリックし、「メディアの読み込み…」を選択しても素材ファイルが読み込めます。ただしこの場合はフォルダーごと読み込むことはできません。

メディアページでメディアストレージブラウザーを使う

メディアページの左上にある<mark>メディアストレージブラウザー</mark>を使うことで、ディスク上のファイルを自由にブラウズし、素材ファイルを選択して読み込ませることができます。その際、素材ファイルはDaVinci Resolveが対応しているものであれば読み込む前に右側のビューアで再生して内容を確認できます（動画だけでなく、Macの「.HEIC」形式を含む画像も表示でき、BGMや効果音も再生可能です）。

> **ヒント：読み込めるファイルかどうか確認できる**
>
> メディアストレージブラウザーで表示できるのは、DaVinci Resolveが対応している形式の素材だけです。したがって、メディアストレージブラウザーで表示できるファイルは読み込めますが、表示できないファイルは読み込めない、ということになります。

> **ヒント：メディアストレージブラウザーが表示されていない場合**
>
> メディアストレージブラウザーは、初期状態では画面の左上に表示されていますが、画面左上最上部のタブで表示・非表示を切り替えられます。表示されていない場合は「メディアストレージ」タブをクリックしてください。

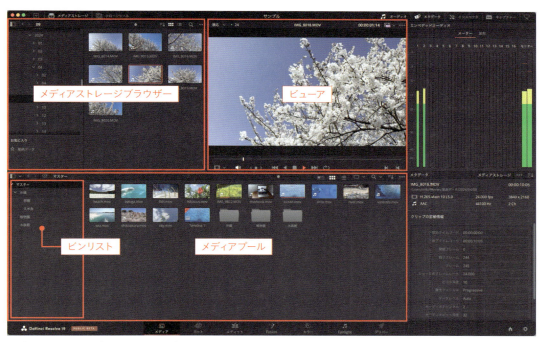

メディアページのメディアストレージブラウザー

メディアストレージブラウザーで選択した素材ファイルは、<mark>そのままメディアプールにドラッグ＆ドロップ</mark>して読み込ませることができます。右クリックして「メディアプールに追加」を選んでも読み込ませることは可能です。

フォルダーをメディアプールにドラッグ＆ドロップした場合は、その内容の<mark>素材ファイルだけ</mark>が読み込まれます。フォルダーごと読み込ませたい場合は「メディアプール」ではなく「ビンリスト」の方にドラッグ＆ドロップしてください。

補足情報：サブフォルダーの読み込み方を制御する方法

メディアストレージブラウザー内のフォルダーを右クリックすると、次の3項目が選択できます。サブフォルダーをどう扱いたいかによって使い分けてください。

- **フォルダーからメディアプールに追加**
  フォルダーの直下にある素材ファイルだけが読み込まれます。サブフォルダーの内容は読み込まれません。

- **フォルダーとサブフォルダーからメディアプールに追加**
  サブフォルダーの内容も含めて、フォルダーの中にある素材ファイルがすべて同じ階層に読み込まれます。

- **フォルダーとサブフォルダーからメディアプールに追加（ビンを作成）**
  フォルダーおよびサブフォルダーは階層を保った状態で読み込まれます。各フォルダーは同名のビンになります。

2-4 メディアプール内でのクリップの操作

メディアプール内に表示されている素材のことをクリップと言います。クリップの中にはタイムラインに配置する前の段階で修正や調整をした方がいいものがありますし、クリップの数が多い場合にはそれらを適切に分類・整理しておかなければ効率の良い編集作業ができなくなります。メディアプールはほとんどのページで利用可能ですが、ここではカットページを例にしてクリップの操作方法を解説していきます。

クリップの表示方法を切り替える

メディアプール内にあるクリップは初期状態ではサムネイルが表示されていますが、他の表示形式に変更できます。ここでは、唯一「フィルムストリップビュー（Strip View）」にも対応しているカットページを例にして、クリップの表示の切り替え方について説明します。

クリップの表示形式を切り替えるには、メディアプールの上部にある次のアイコンをクリックしてください。カットページの場合は左から「メタデータビュー」「サムネイルビュー」「フィルムストリップビュー」「リストビュー」の順にアイコンが並んでいます。

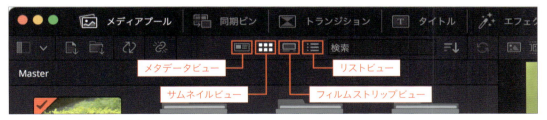

クリップの表示方法を切り替える4つのアイコン

初期状態で表示されているのが「サムネイルビュー」で、サムネイルの下にクリップ名が表示されます。サムネイルの上にマウスポインタをのせると再生ヘッド（赤い縦線）が表示され、それを左右に動かすことでサムネイルを動画として再生し内容を確認できます。

メディアプールの「サムネイルビュー」の状態

Chapter 2 | 編集前と後の作業　055

「メタデータビュー」では、サムネイルが比較的大きく表示され、その横にクリップ名や撮影日などの情報も表示されます。「サムネイルビュー」と同様に、サムネイルの上にマウスポインタをのせて再生することもできます。クリップに関するさらに詳しい情報が見たい場合は「リストビュー」に切り替えてください。

> **ヒント：ダブルクリックでビューアに表示される**
> メディアプール内のクリップをダブルクリックすることで、クリップをビューアで再生できます。

メディアプールの「メタデータビュー」の状態

「フィルムストリップビュー」では、1つの動画ごとに複数のサムネイルがフィルムのように並べられて表示されます。これだけでも動画のおおまかな流れがわかるのですが、このサムネイルは「サムネイルビュー」のものと同様に、マウスポインタをのせて再生ヘッドを左右に動かすことで再生できます。また、この表示では動画の音声の波形も表示されますので、声の入っている部分などがわかりやすくなっています。

> **補足情報：メディアプール内でイン点とアウト点も設定できる**
> 「アイコンビュー」と「フィルムストリップビュー」の状態だと、サムネイル上で再生ヘッドを左右に移動させて［I］キーと［O］キーを押すことで、イン点とアウト点が設定できます。

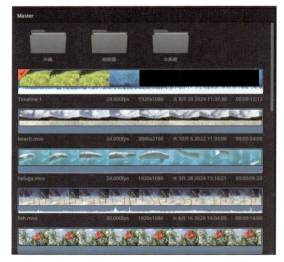

メディアプールの「フィルムストリップビュー」の状態

> **用語解説：イン点とアウト点**
>
> クリップまたはタイムラインにおいて、範囲を示す際に指定するのがイン点（In point）とアウト点（Out point）です。簡単に言えば、イン点は「このフレームから」を示し、アウト点は「このフレームまで」を示します。たとえば、メディアプールにあるクリップにイン点とアウト点を設定してタイムラインに配置すると、クリップ全体ではなくその範囲だけが配置されます。タイムラインにイン点とアウト点を設定すると、その範囲にぴったりと合わせてクリップを配置したり、その範囲だけを書き出したりすることができます。
> イン点とアウト点を設定する方法はいくつかありますが、再生ヘッドを該当するフレームに合わせた状態で ［I］キーを押せばイン点が設定され、［O］キーを押せばアウト点が設定されます。イン点とアウト点を削除するには、［option（Alt）］＋［X］キーを押してください。

「リストビュー」ではサムネイルや波形は表示されず、クリップに関す情報が文字だけで表示されます。右にスクロールすることで作成日や変更日、追加日、クリップカラーなどが確認できます。

また、各項目の上にある項目名をクリックすることで、その項目で並べ替えることができます。同じ項目名をもう一度クリックすると昇順と降順が切り替わります。

メディアプールの「リストビュー」の状態

> **ヒント：カットページ以外のページの「リストビュー」**
>
> カットページの「リストビュー」では限定された情報しか見ることができません。しかし、カットページ以外のページの「リストビュー」では、動画の「長さ」「種類」「解像度」「フレーム数」「フォーマット」「コーデック」などの項目も表示されます。さらに、リストのヘッダー部分を右クリックすることで、多くの項目が追加できるようになっています（項目の表示・非表示が設定できます）。また、ヘッダーの項目名を横にドラッグすることで、項目の表示順も変更可能です。

クリップを並べ替える

メディアプール内のクリップを並べ替えるには、メディアプールの右上にある「並べ替え」のアイコンをクリックしてください。ここではカットページのメディアプールを例にして、並べ替えの方法を説明します。

1 並べ替えのアイコンをクリックする

メディアプールの右上にある、クリップを並べ替えるためのアイコンをクリックします。

2 表示されたメニューから項目を選択する

並べ替えのためのメニューが表示されますので、何を基準に並べ替えるのかを選択してください。昇順と降順も切り替えられます。

> **ヒント：カットページは並べ替えの項目が少ない**
>
> カットページのメディアプールでは10項目でしか並べ替えができませんが、他のページのメディアプールでは19項目で並べ替えができます。

Chapter 2 ｜ 編集前と後の作業　057

クリップの情報を見る

「サムネイルビュー」の状態でクリップの情報を見るには、マウスポインタをのせると右下に表示される小さなアイコンをクリックしてください。ここではカットページの「サムネイルビュー」の場合を例にして説明します。

1 ポインタをクリップの上にのせる

マウスポインタをクリップの上にのせると、サムネイルの右下に小さなアイコンが表示されます。

2 表示されたアイコンをクリックする

そのアイコンをクリックするとクリップの情報が表示されます。

クリップを回転させる

ここで解説しているのは、メディアプール内にあるクリップをタイムラインに配置する前の段階で回転させておく方法です。たとえば、スマートフォンを横にして撮影したつもりだったのに、取り込んでみたら縦で保存されていた場合などに行うもので、90°単位でしか回転させられません。タイムラインに配置したクリップやテロップなどを自由な角度で回転させる方法については、Chapter 3の「変形（拡大縮小・移動・回転・反転）」を参照してください。

1 クリップを右クリックして「クリップ属性...」を選択する

回転させたいクリップを右クリックして、表示されるメニューから「クリップ属性...」を選択してください。

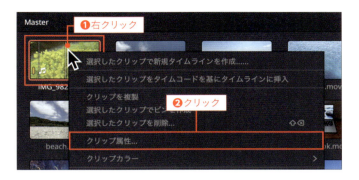

ヒント：複数のクリップをまとめて処理できる

あらかじめ複数のクリップを選択しておき、そのうちのどれかを右クリックしてこれ以降の操作をすることで、複数のクリップをまとめて回転させられます。

2 「イメージの向き」から角度を選択する

クリップ属性のダイアログが表示されますので、中央付近にある「イメージの向き」のメニューから角度を選択してください。

ここで指定する角度は「今の状態から何度回転させるのか」ではなく、クリップを「通常の横長の状態を基準（0°）として、そこから何度回転した状態にするのか」を意味しています。したがって、縦長の状態から通常の横長の状態に変更したい場合は「0°（通常の横長の状態）」を選択してください。横長の状態から縦長に変更したい場合は、「90°right（横長から右に90°回転した状態）」または「90°left（横長から左に90°回転した状態）」を選択してください。

3 「OK」ボタンをクリックする

右下にある「OK」ボタンをクリックするとダイアログが閉じ、クリップが回転します。

ヒント：クリップを上下または左右に反転させるには？

ダイアログの「イメージの向き」の上には「イメージ反転」という項目があり、そのアイコンをクリックすることでクリップを反転させられます。

Chapter 2 | 編集前と後の作業 059

クリップカラーを指定する

　クリップに色を割り当てることで、クリップを分類し見分けやすくすることができます。この色分けはメディアプールではそれほど目立ちませんが、タイムラインに配置したときには他のクリップと明確に区別できるようになります。

1 クリップを右クリックして「クリップカラー」を選択する

色を指定したいクリップを右クリックして、表示されるメニューから「クリップカラー」を選択してください。

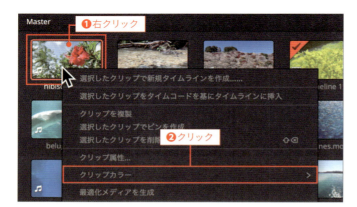

ヒント：複数のクリップをまとめて処理できる

あらかじめ複数のクリップを選択しておき、そのうちのどれかを右クリックしてこれ以降の操作をすることで、複数のクリップの色をまとめて指定できます。

2 サブメニューから色を選択する

サブメニューが表示されますので、その中から色を選択します。一番上の「カラーを消去」を選択すると、指定済みの色が削除されます。

3 クリップに色がついた

メディアプール内のクリップに色が付きました。

色が付いた

4 タイムラインに配置しても指定した色で表示される

色の指定されたクリップをタイムラインに配置すると、右のように表示されます。カットページの上のタイムラインではクリップ全体が指定色で表示され、下のタイムラインでは音声の波形の背景全体が指定色になります。

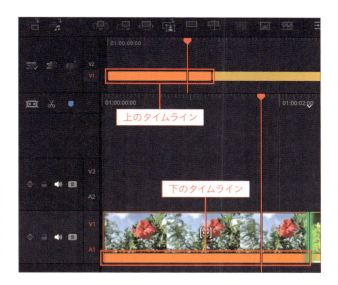

上のタイムライン

下のタイムライン

> **補足情報：「マーク」メニューからも色分けは可能**
> 「マーク」メニューの「クリップカラーを設定」から色を選択して指定することも可能です。

> **ヒント：タイムラインのクリップも色が指定できる**
> タイムラインに配置したクリップも、同様に右クリックして「クリップカラー」を選択することで色が指定できます。ただし、カットページの2つのタイムラインのうち上のタイムラインでは色指定はできません。

クリップの名前を変更する

　メディアプール内の各クリップに表示されている名前は、初期状態では「ファイル名」と同じになっている「クリップ名」です（「ファイル名」とは別モノです）。「クリップ名」はDaVinci Resolveの内部でのみ使用する名前であるため、自由に変更できます。変更しても素材ファイルへのリンクが切れてしまうなどの影響はありません。

> **ヒント：クリップ名の変更は並べ替えには影響する**
> メディアプール内のクリップを「クリップ名」で並べている場合、クリップ名を変更すると並び順も変化します。

Chapter 2 ｜ 編集前と後の作業　　061

1 「クリップ名」を間を開けて2度クリックする

メディアプール内にある名前を変更したいクリップの「クリップ名」を一度クリックし、少しだけ間隔をあけて再度クリックします。

2 新しい名前を入力する

クリップ名が編集可能な状態になりますので、新しい名前を入力してください。

3 [enter] キーまたは [return] キーを押す

[enter] キーまたは [return] キーを押すと名前が確定されます。

> **補足情報：「クリップ属性」でも名前を変更可能**
>
> クリップを右クリックして「クリップ属性…」を選択し、表示されたダイアログの右上にある「名前」を選択するとテキスト入力欄が表示されて名前を変更できます。

> **ヒント：クリップ名ではなくファイル名を表示させるには？**
>
> 「表示」メニューの「ファイル名を表示」を選択してチェックが入っている状態にすると、クリップ名ではなくファイル名が表示されるようになります。もう一度選択してチェックをはずすとクリップ名に戻ります。

クリップのサムネイルを変更する

メディアプール内のクリップのサムネイルは、初期状態では動画の最初のフレームが表示されています。しかし、クリップを識別するための最適なフレームが常に最初のフレームであるとは限りません。ここでは、クリップのサムネイルを自分で選択したフレームに変更する方法を説明します。

1 ポインタをサムネイルの上にのせる

メディアプール内で、サムネイルを変更したいクリップのサムネイルの上にマウスポインタをのせます。

2 サムネイルにしたいフレームを表示させる

マウスポインタを左右に動かして再生ヘッドを移動させ、サムネイルにしたいフレームが表示されている状態にします。

3 右クリックして「ポスターフレームに設定」を選択する

マウスポインタを動かさずにそのまま右クリックして「ポスターフレームに設定」を選択すると、その時点で表示されているフレームがサムネイルになります。

ヒント：サムネイルを元に戻すには？

クリップを右クリックして、「ポスターフレームを消去」を選択するとサムネイルは初期状態（最初のフレーム）に戻ります。

2-4 メディアプール内でのクリップの操作

クリップを再リンクする

すでにメディアプールに読み込んだ素材ファイルの場所を移動させたりパスの一部を変更したりすると、クリップのリンクが切れて下の手順1の図のようにアイコンが赤くなります。元の状態に戻すには、次の手順で再リンクを行ってください。

1 再リンクのアイコンをクリックする

リンクが切れたクリップがあるとメディアプールの左上にある「メディアの再リンク」アイコンが赤くなりますので、それをクリックしてください。

2 再リンクのダイアログの「場所を特定」ボタンをクリックする

再リンクのための黒いダイアログが開き、再リンクが必要となっているクリップが元々入っていたフォルダー名が表示されます。その右側にある「場所を特定」ボタンをクリックします。

3 フォルダーを選択して「Open」ボタンをクリックする

フォルダーを選択するためのダイアログが表示されます。再リンクしたいファイルが含まれるフォルダーを選択し、「Open」ボタンをクリックしてください。

ヒント：場所が不明な場合は「ディスク検索」ボタン	補足情報：再リンクさせる別の方法
元の素材ファイルの保存されている場所がわからない場合は、黒いダイアログの右下にある「ディスク検索」ボタンを押してください。ディスク内を検索して自動的にリンクできます。	メディアプール内でリンクが切れたクリップを選択し（複数可）、そのうちのどれかを右クリックして「選択したクリップを再リンク...」を選択しても、再リンクさせることが可能です。

4 再リンクされた

クリップが再リンクされ、サムネイルが表示されます。

2-5 動画と画像の書き出し

カットページやエディットページでは、クイックエクスポートという機能を使って簡単に動画を書き出すことができます。デリバーページでは、詳細な設定を行った上で、複数の書き出しを連続して行うことができます。いつも独自の同じ設定で書き出しを行うのであれば、デリバーページでその設定をプリセットとして保存しておくことも可能です。

クイックエクスポートで簡単に書き出す

クイックエクスポートは、9種類の書き出しのプリセット（H.264×2種類・H.265・ProRes・YouTube・Vimeo・TikTok・Presentations・Dropbox）の中からどれか1つを選択して簡単に書き出しを行う機能です。

1 「クイックエクスポート」をクリックする

カットページおよびエディットページの右上にある「クイックエクスポート」をクリックしてください。

補足情報：書き出す範囲も設定できる

タイムラインに**イン点**と**アウト点**を設定しておくことで、その範囲だけを書き出すことができます。イン点を設定するには再生ヘッドをその位置に合わせて［I］キー、アウト点を設定するには再生ヘッドをその位置に合わせて［O］キーを押してください。いずれか一方だけを設定することも可能です。イン点とアウト点を削除するには、［option（Alt）］キーを押しながら［X］キーを押してください。

---

2 どの形式で書き出すのかを選択する

「クイックエクスポート」のダイアログが表示されますので、どのプリセット（H.264やProResなど）を使用して書き出すのかを選択します。

ヒント：どれを選べばいいのかわからないときは？

一般的な画質で少ない容量で書き出したければ「H.264 Master」が適しています（「H.264」は多くのアプリやサービスで対応している形式です）。H.265は、H.264と同じ画質であればより容量が少なくてすみますが、対応しているアプリはH.264ほど多くはありません。容量は大きくてもかまわないので、とにかく画質の良い状態で書き出したければ「ProRes」がよいでしょう。

補足情報：プリセットの「YouTube」を選択した場合

YouTubeにサインインせずにそのまま書き出した場合は、「H.264」のMP4形式でファイルが書き出されます。サインインをして「直接アップロード」にチェックを入れることで、YouTubeに直接アップロードすることも可能です。ただし、その場合は動画の「タイトル」「説明」「プレイリスト」「公開／非公開／限定公開」しか指定できません。それ以外のオプションについてはYouTube Studioで入力・設定する必要があります。

---

3 「書き出し」ボタンをクリックする

ダイアログの右下にある「書き出し」ボタンをクリックしてください。

4 ファイル名と書き出し場所を指定して「保存」ボタンをクリックする

必要に応じてファイル名を変更し、書き出す場所を選択して「保存」ボタンをクリックすると書き出しが開始されます。

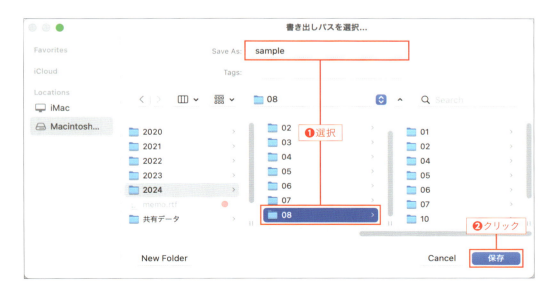

Chapter 2 | 編集前と後の作業　067

2-5 デリバーページで細かく設定して書き出す

デリバーページは、編集した動画を書き出すための専用ページです。このページでは書き出す動画のフォーマットや品質などを細かく設定できるだけでなく、それをプリセットとして保存することもできます。

1 デリバーページを開く

画面下中央のアイコンの一番右にある「デリバー」をクリックしてデリバーページを開きます。

補足情報：書き出す範囲も設定できる
デリバーページのタイムラインでイン点とアウト点を設定しておくことで、その範囲だけを書き出すことができます。

2 「レンダー設定」で設定する

デリバーページの左上にある「レンダー設定」で任意のプリセットまたはカスタム（Custom Export）を選択し、書き出す動画の設定をします。このとき、画面最上部の一番左にある▼アイコンをクリックすることで、設定画面を下まで拡張できます。

ヒント：カスタムは直前に開いたプリセットと同じになる
カスタム（Custom Export）の設定内容は、直前に開いたプリセットと同じになります。どれかのプリセットをベースにしてカスタムでプリセットを作りたい場合は、そのプリセットの画面を一度開いてから作業すると効率的です。

ヒント：プリセットを保存するには？
「レンダー設定」の右上にある「…」メニューから「新規プリセットとして保存...」を選択することで、名前をつけてプリセットを保存できます。この操作をしなければプリセットの変更は保存されません。

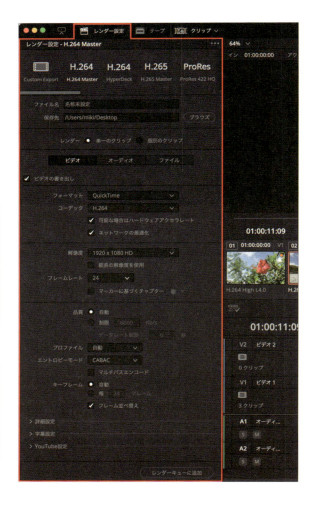

3 「レンダーキューに追加」ボタンをクリックする

設定が完了したら、「レンダー設定」の右下にある「レンダーキューに追加」ボタンをクリックします。

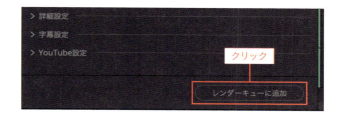

> **ヒント：レンダーキューには複数入れられる**
>
> 設定や範囲などを変えて書き出したい動画が他にもある場合は、同様の操作でそれらもレンダーキューに追加できます。そして、次の操作でそれらを連続して書き出すことが可能です。

4 「すべてレンダー」ボタンをクリックする

「レンダーキュー」の中から実際に書き出したいものを選択して（複数可）、「すべてレンダー」ボタンをクリックすると書き出しが開始されます。複数選択した場合は、1つずつ順番に連続して書き出していきます。

> **補足情報：「すべてレンダー」ボタンのラベルは選択状況で変化する**
>
> たとえば、レンダーキューに3つある中の1つしか選択されていない場合は、ボタンのラベルは「1をレンダー」となります。2つ選択されている場合は「2をレンダー」となります。

コラム ｜ なぜ一旦レンダーキューに入れてから書き出すのか？

　DaVinci Resolve は映画の制作にも使用されるソフトウェアです。高品質で1時間半ほどある映画のデータを書き出すには相当な時間がかかります。そのような動画を設定や範囲を変えて複数書き出す必要がある場合に、1つの書き出しが終わるのを待って、それから次の書き出しを指定していたのでは時間のロスが発生します（たとえば深夜に書き出しが終わったら、翌朝誰かが出社して次の書き出しの操作をするまでの時間は書き出しの処理が行われないことになります）。そのような時間的なロスをなくすことができるように、DaVinci Resolve では書き出したいものをまとめて登録しておいて、それらを一気に連続して書き出せる仕様になっています。

Chapter 2 ｜ 編集前と後の作業　　069

2-5 動画の特定のフレームを画像として書き出す

動画内の任意の1フレームを画像として書き出すには、次のように操作してください。書き出す際には、画像の形式も選択可能です。

1 書き出すフレームに再生ヘッドを合わせる

カットページ・エディットページ・カラーページのいずれかで、画像として書き出したいフレームに再生ヘッドを合わせます。カットページとエディットページでは、タイムラインに配置した動画だけでなく、メディアプールにある動画をビューアで表示させて書き出すこともできます。

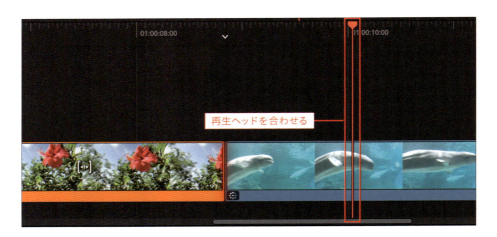

2 「ファイル」メニューから「書き出し」→「現在のフレームをスチルとして…」を選択する

「ファイル」メニューを開き、「書き出し」のサブメニューにある「現在のフレームをスチルとして…」を選択します。

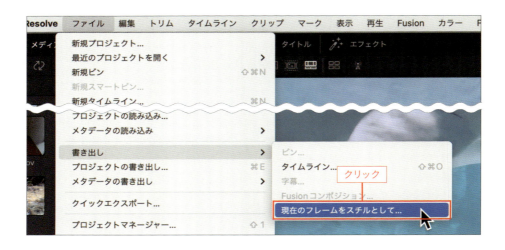

3 ファイル名などを指定して「書き出し」ボタンをクリックする

保存するファイルの名前と場所、書き出す画像の形式を指定するダイアログが開きます。指定が済んだら「書き出し」ボタンをクリックしてください。

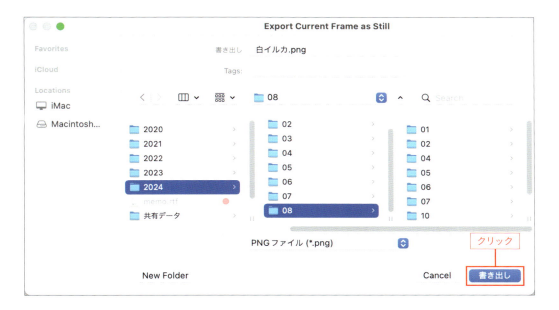

4 画像が書き出される

指定した形式で画像が書き出されます。

2-6 編集データの書き出しと読み込み

ここでは、別のパソコンにデータを移して編集作業を続けたい場合や、他のユーザーにプロジェクトの編集データを渡す際などに利用するデータの書き出し方について説明します。素材データについては編集データと一緒に書き出すこともできますし、素材データは書き出さずに編集データだけを書き出すことも可能です。素材データと編集データを一緒にしてプロジェクトごとに個別にバックアップしておきたい場合にも使える方法です。

素材データと編集データの両方を書き出す

はじめに、プロジェクトの素材データと編集データをセットで書き出す方法を説明します。作業中のデータを別のパソコンに移して作業を続けたい場合や、ほかのユーザーにプロジェクトのデータをまるごと渡したいときなどに便利な方法です。

1 プロジェクトマネージャーを開く

メイン画面の右下にある家のアイコン🏠をクリックしてプロジェクトマネージャーを開きます。

2 プロジェクトを右クリックして「プロジェクトアーカイブの書き出し…」を選択する

編集データと素材データをセットで書き出したいプロジェクトを右クリックして「プロジェクトアーカイブの書き出し…」を選択します。

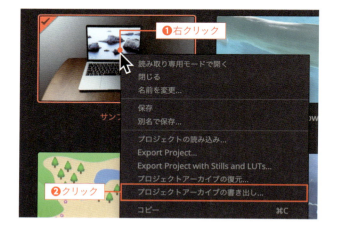

3 ファイル名と書き出し場所を指定して「保存」ボタンをクリックする

保存するフォルダーの名前と場所を指定するダイアログが開きます。指定が済んだら「保存」ボタンをクリックしてください。

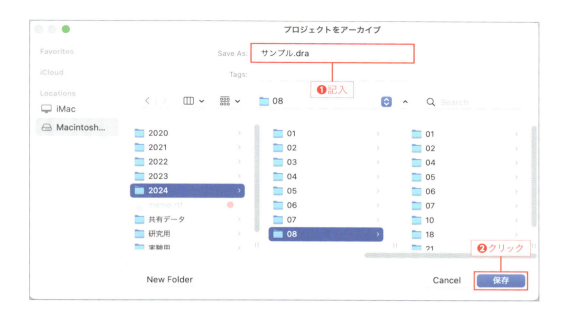

4 オプションを確認して「OK」ボタンをクリックする

保存場所とオプションが設定可能なダイアログが開きます。メディアファイルとは素材データのことで、このチェックをはずすことはできません。レンダーキャッシュとプロキシメディアについては、書き出したいものだけがチェックされている状態にしてください。「OK」ボタンをクリックすると書き出しが開始されます。

補足情報：レンダーキャッシュとプロキシメディア

これらは両方とも、編集中の動画をカクカクせずになめらかに再生できるようにするためのファイルです。レンダーキャッシュは色調整やエフェクトなどを適用した結果をレンダリングしたもの、プロキシメディアは重い素材データを作り直して軽くしたものです。

5 「○○○.dra」という名前のフォルダが書き出される

編集データと素材データが、1つのフォルダーに収められた状態で書き出されました。

補足情報：拡張子の「dra」は何の略？

「dra」は「DaVinci Resolve Archives」の略です。

Chapter 2 ｜ 編集前と後の作業　073

2-6 編集データの書き出しと読み込み

素材データと編集データの両方を読み込む

プロジェクトの素材データと編集データをセットにして書き出したアーカイブ（拡張子「.dra」のフォルダー）を読み込むには次のように操作してください。

> **ヒント：読み込みは「.dra」のフォルダーを適切な場所に配置してから**
> 拡張子「.dra」のフォルダーには素材データが含まれています。そのため、そのフォルダーをあとから移動させると再リンクが必要となりますので注意してください。

1 プロジェクトマネージャーを開く

メイン画面の右下にある家のアイコン🏠 をクリックしてプロジェクトマネージャーを開きます。

2 アーカイブをプロジェクトマネージャー上にドラッグ＆ドロップする

読み込ませたいアーカイブ（拡張子「.dra」のフォルダー）をプロジェクトマネージャー上にドラッグ＆ドロップします。

> **ヒント：復元するプロジェクトと同じ名前のプロジェクトがすでにある場合**
> 同じ名前のプロジェクトが存在する場合は、復元するプロジェクトの名前を変更するためのダイアログが表示され、名前を変更できます。気がついたら大事なプロジェクトを上書きしていた、ということにはなりませんので安心してください。

> **補足情報：右クリックして「プロジェクトアーカイブを復元...」でも読み込める**
> プロジェクトマネージャー上の任意の場所を右クリックして「プロジェクトアーカイブの復元...」を選択し、アーカイブ（「.dra」のフォルダー）を選択して「開く」ボタンをクリックしても読み込めます。

3 アーカイブが読み込まれた

読み込ませたアーカイブが復元されてプロジェクトマネージャーに追加されます。

編集データだけを書き出す

　素材データは含めずに、プロジェクトの編集データだけを書き出すには次のように操作してください。

1 プロジェクトマネージャーを開く

メイン画面の右下にある家のアイコン🏠をクリックしてプロジェクトマネージャーを開きます。

2 書き出すプロジェクトを選択する

プロジェクトマネージャー上で書き出すプロジェクトをクリックして選択します。

> **ヒント：プロジェクトマネージャーで右クリックしても書き出せる**
> プロジェクトマネージャーで書き出したいプロジェクトを右クリックして「プロジェクトの書き出し…（Export Project…）」を選択しても編集データだけを書き出せます。

> **ヒント：「ファイル」→「プロジェクトの書き出し…」でも書き出せる**
> 書き出すプロジェクトをメイン画面で開いている状態で「ファイル」メニューから「プロジェクトの書き出し…」を選択しても書き出せます。

3 左下の「書き出し」ボタンをクリックする

プロジェクトマネージャーの左下にある「書き出し」ボタンをクリックしてください。

4 ファイル名と書き出し場所を指定して「保存」ボタンをクリックする

保存するファイルの名前と場所を指定するダイアログが開きます。指定が済んだら「保存」ボタンをクリックしてください。

5 「○○○.drp」という名前のファイルが書き出される

拡張子が「.drp」の編集データが書き出されました。

> **補足情報：拡張子の「drp」は何の略？**
> 「drp」は「DaVinci Resovle Project」の略です。

編集データだけを読み込む

プロジェクトの編集データのみ（拡張子「.drp」のファイル）を読み込ませるには次のように操作してください。

1 プロジェクトマネージャーを開く

メイン画面の右下にある家のアイコン🏠をクリックしてプロジェクトマネージャーを開きます。

> **ヒント：プロジェクトマネージャーの「読み込み」ボタンでも読み込める**
>
> プロジェクトマネージャーの左下にある「読み込み」ボタンを押して読み込ませることもできます。この場合、プロジェクトは読み込まれますが、自動的には開かれません。

> **ヒント：プロジェクトマネージャーで右クリックしても読み込める**
>
> プロジェクトマネージャーの任意の場所を右クリックして「プロジェクトの読み込み...」を選択して読み込ませることもできます。この場合、プロジェクトは読み込まれますが、自動的には開かれません。

> **ヒント：「ファイル」→「プロジェクトの読み込み...」でも読み込める**
>
> メイン画面を開いている状態で「ファイル」メニューから「プロジェクトの読み込み...」を選択しても読み込めます。この場合、読み込んだプロジェクトが自動的に開いた状態になります。

2 拡張子「.drp」のファイルをプロジェクトマネージャー上にドラッグ＆ドロップする

読み込ませたい編集データ（拡張子「.drp」のファイル）をプロジェクトマネージャー上にドラッグ＆ドロップします。

> **ヒント：復元するプロジェクトと同じ名前のプロジェクトがすでにある場合**
>
> 同じ名前のプロジェクトが存在する場合は、復元するプロジェクトの名前を変更するためのダイアログが表示され、名前を変更できます。気がついたら大事なプロジェクトを上書きしていた、ということにはなりませんので安心してください。

3 読み込んだプロジェクトが開いた状態になる

編集データが読み込まれてプロジェクトマネージャーに追加され、そのプロジェクトが開いた状態になります。

2-7 データベースの管理

DaVinci Resolveのプロジェクトのデータはデータベースに保存されています。そしてプロジェクトマネージャーでは、プロジェクトだけでなくデータベースの管理も行えるようになっています。ここでは、データベースを管理するためのプロジェクトライブラリサイドバーを表示させる方法、新しいデータベースファイルを作成する方法、データベースファイルのバックアップと復元の方法について説明します。

プロジェクトライブラリについて

一般的な動画編集ソフトの多くは、データをプロジェクト単位で分けて保存します。たとえばプロジェクトごとにフォルダーを作成したり、プロジェクトごとにファイルやパッケージを作るなどしてその中にデータを保存します。

しかしDaVinci Resolveの編集データはそうではなく、データベースによって管理されています。このデータベースのデータは、DaVinci Resolve 17までは「プロジェクトデータベース」と呼ばれていましたが、現在では「プロジェクトライブラリ」に改称されています。

このプロジェクトライブラリには複数のプロジェクトの編集データが保存できるわけですが、1つのプロジェクトライブラリの中に保存されているプロジェクトのデータが多くなってくると、それに比例してロードや保存のための時間も余計にかかるようになってきます。そのため、プロジェクトライブラリは1つのものだけを使い続けるのではなく、なんらかの分類をして複数に分けた方が効率的に作業できます。たとえば、1年ごとに新しいものを作成したり、動画の種類ごと、クライアントごとなどで別のプロジェクトライブラリに分けることでストレスなく作業できるようになります。

プロジェクトライブラリの管理は、プロジェクトマネージャーの左側に表示させることのできるプロジェクトライブラリサイドバーで行います。プロジェクトライブラリサイドバーを表示させるには、プロジェクトマネージャーの左上にある「プロジェクトライブラリを表示/非表示」のアイコン■をクリックしてください。

「プロジェクトライブラリを表示/非表示」のアイコン

2-7 データベースの管理

プロジェクトライブラリサイドバーには、作成済みのプロジェクトライブラリの一覧が表示されます。プロジェクトライブラリは、この一覧の中の開きたい（接続したい）ものをクリックするだけで切り替えることができます。ただし、一度に開くことができるのは1つのプロジェクトライブラリだけです。

プロジェクトライブラリサイドバー

新規プロジェクトライブラリの作り方

プロジェクトライブラリ（プロジェクトの編集データの保存先となるデータベースのデータ）を新しく作るには次のように操作してください。

1 プロジェクトマネージャーを開く

メイン画面の右下にある家のアイコン■をクリックしてプロジェクトマネージャーを開きます。

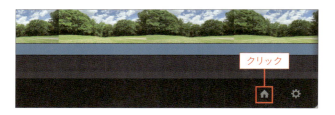

2 プロジェクトライブラリサイドバーを表示させる

プロジェクトマネージャーの左上にある「プロジェクトライブラリを表示/非表示」のアイコン■をクリックしてプロジェクトライブラリサイドバーを表示させます。

3 「新規プロジェクトライブラリを追加」ボタンをクリックする

プロジェクトライブラリサイドバーの下部にある「新規プロジェクトライブラリを追加（Add Project Library）」ボタンをクリックします。

4 新しいプロジェクトライブラリの名前を入力する

「新規プロジェクトライブラリを追加」ウィンドウが表示されますので、「名前」と書かれた入力欄に新しいプロジェクトライブラリの名前を入力します。

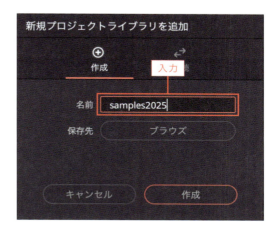

5 「ブラウズ」ボタンをクリックする

「新規プロジェクトライブラリを追加」ウィンドウの「保存先」の右隣にある「ブラウズ」ボタンをクリックします。

6 書き出し場所を指定して「Open」ボタンをクリックする

新規プロジェクトライブラリを保存する場所を指定するダイアログが開きます。場所を指定したら「Open」ボタンをクリックしてください。

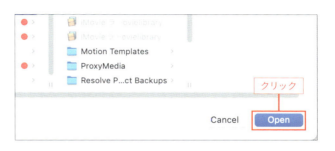

Chapter 2 | 編集前と後の作業　081

7 「作成」ボタンをクリックする

「新規プロジェクトライブラリを追加」ウィンドウの「作成」ボタンをクリックすると新しいプロジェクトライブラリが作成され、プロジェクトライブラリの一覧にその名前が追加されます。

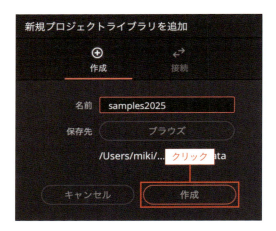

プロジェクトライブラリのバックアップ

プロジェクトライブラリをバックアップするには次のように操作してください。

1 プロジェクトマネージャーを開く

メイン画面の右下にある家のアイコン🏠をクリックしてプロジェクトマネージャーを開きます。

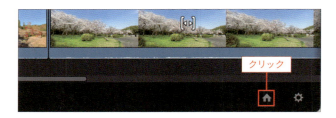

2 プロジェクトライブラリサイドバーを表示させる

プロジェクトマネージャーの左上にある「プロジェクトライブラリを表示/非表示」のアイコン▮をクリックしてプロジェクトライブラリサイドバーを表示させます。

3 バックアップするプロジェクトライブラリの「ⓘ」をクリックする

バックアップするプロジェクトライブラリの右側にある「ⓘ（詳細）」アイコンをクリックします（プロジェクトライブラリをクリックして選択する必要はありません）。

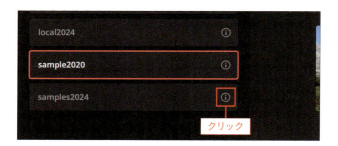

4 「バックアップ」ボタンをクリックする

詳細画面にある「バックアップ」ボタンをクリックします。

5 ファイル名と書き出し場所を指定して「保存」ボタンをクリックする

保存するファイルの名前と場所を指定するダイアログが開きます。指定が済んだら「保存」ボタンをクリックしてください。

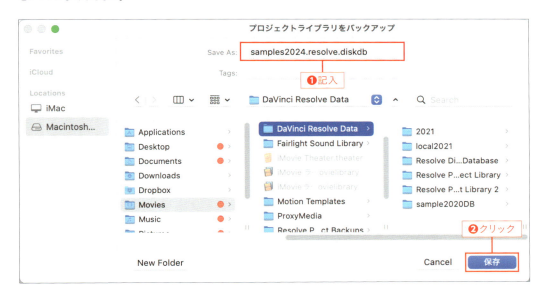

6 メッセージが表示されるので「バックアップ」ボタンをクリックする

「プロジェクトライブラリをバックアップしますか？ プロジェクトライブラリのサイズによって時間がかかる場合があります。」というメッセージが表示されます。問題がなければ「バックアップ」ボタンをクリックしてください。

Chapter 2 | 編集前と後の作業　083

7 メッセージが表示されるので「OK」ボタンをクリックする

バックアップが正常に終了すると「プロジェクトライブラリのバックアップ完了」というメッセージが表示されますので、「OK」ボタンをクリックしてください。

8 プロジェクトライブラリのバックアップが保存された

拡張子が「.diskdb」のバックアップが保存されました。

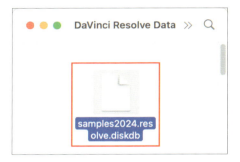

プロジェクトライブラリのバックアップを復元する

バックアップしたプロジェクトライブラリを復元するには次のように操作してください。

1 プロジェクトマネージャーを開く

メイン画面の右下にある家のアイコン🏠をクリックしてプロジェクトマネージャーを開きます。

2 プロジェクトライブラリサイドバーを表示させる

プロジェクトマネージャーの左上にある「プロジェクトライブラリを表示/非表示」のアイコン▮をクリックしてプロジェクトライブラリサイドバーを表示させます。

3 「復元」アイコンをクリックする

プロジェクトライブラリの上部にある「復元」アイコンをクリックします。

4 復元するファイルを選択して「開く」ボタンをクリックする

復元するファイルはバックアップの際に自分で指定した場所に保管されています。復元したいバックアップのファイルを選択し、「開く」ボタンをクリックしてください。

5 新しいプロジェクトライブラリの名前を入力する

「新規プロジェクトライブラリを追加」ウィンドウが表示されますので、「名前」と書かれた入力欄に復元するプロジェクトライブラリの新しい名前を入力します。

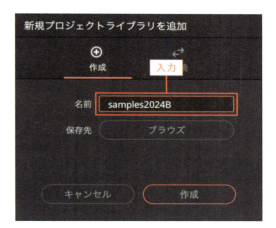

6 「ブラウズ」ボタンをクリックする

「新規プロジェクトライブラリを追加」ウィンドウの「保存先」の右隣にある「ブラウズ」ボタンをクリックします。

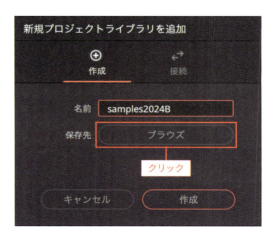

Chapter 2 | 編集前と後の作業　085

エディットページの2つのビューア

　エディットページでは、初期状態で左右に2つのビューアが表示されています。左側にあるのはメディアプールのクリップを表示させる「ソースビューア」で、右側にあるのはタイムラインの動画を表示させる「タイムラインビューア」です。

　エディットページのビューアは初期状態では2つ表示されていますが（デュアルビューアモード）、大きなビューアを1つだけ表示させるようにすることも可能です（シングルビューアモード）。

　シングルビューアモードにすると、カットページのビューアと同様に、1つのビューアでメディアプールのクリップもタイムラインの動画も表示できるようになります。

デュアルビューアモードとシングルビューアモードを切り替えるには、ビューアの領域全体の右上にある次のアイコンをクリックしてください。アイコンは、デュアルビューアモードのときは横長の長方形ですが、シングルビューアモードのときは縦長の長方形が2つ横に並んでいるものに切り替わります。

> **補足情報：ビューアのモードはメニューでも切り替え可能**
> ビューアのモードは、「ワークスペース」メニューの「シングルビューア モード」を選択しても切り替えられます。「シングルビューア モード」にチェックを入れるとシングルビューアモードになり、チェックを外すとデュアルビューアモードになります。

ビューアをフルスクリーンにする

　メニューの「ワークスペース」→「ビューアモード」→「シネマビューア」を選択するとフルスクリーンになります。これはカットページとエディットページで共通の操作方法です。キーボードショートカットは現在は［P］が割り当てられていますが、古いバージョンで割り当てられていた［command（Ctrl）］＋［F］も利用可能です。

　フルスクリーンから元の状態に戻すには、［esc］キーを押すか、フルスクリーンにする操作をもう一度行ってください。フルスクリーンの状態で画面下部に表示されるコントロールの右端にある「→←」のアイコンをクリックしても、元の状態に戻すことができます。

　また、カットページでは、画面右上にある「フルスクリーン」と書かれた部分をクリックすることでフルスクリーンにすることもできます。

タイムラインはそのままでビューアを大きくする

　カットページでは、メニューの「ワークスペース」→「ビューアモード」→「エンハンスビューア」を選択することで、ビューアの表示領域を拡張させることができます。キーボードショートカットは［option（Alt）］＋［F］です。もう一度同じ操作をすることで元の状態に戻すことができます。

　ただし、このモードに切り替えると、ビューアの左右に表示されているメディアプールやインスペクタなどは表示されなくなります（両横の表示を消すことでビューアを拡張します）。タイムラインは基本的にそのままの状態を維持しますが、右側にインスペクタを表示させていた場合はそれが非表示になるためタイムラインの表示幅は広がります。

通常のビューア

エンハンスビューア

> **ヒント：カラーページでも使える！**
> 「エンハンスビューア」は、カラーページでも同様に機能します。

繰り返し再生させる

ビューアでの再生を繰り返させるには、ビューアの下にある「ループ」ボタンをクリックして赤くした状態で再生してください。

「ループ」と「ループの解除」の切り替えは、メニューの「再生」→「ループ/ループの解除」でも行えます。キーボードショートカットは［command（Ctrl）］＋［/］です。

> **ヒント：手動で繰り返すなら「停止時に元の位置に戻す」も便利**
>
> 「再生」メニューの「停止時に元の位置に戻す」を選択した状態で再生を停止させると、再生ヘッドが自動的に元の位置に戻ります。この状態だと「ループ」にしていなくても、スペースキーを押すだけで自分の聞きたいタイミングで繰り返し再生できるので便利です。エディットページでは、ビューアの停止ボタンを右クリックして「停止時に元の位置に戻す」にチェック入れることもできます。

イン点からアウト点までを再生させる

ビューアまたはタイムラインのイン点からアウト点までを再生させるには、メニューの「再生」→「周辺/指定の位置を再生」→「イン点からアウト点まで再生」を選択してください。キーボードショートカットは［option（Alt）］＋［/］です。

> **補足情報：ビューアが「ループ」状態の場合**
>
> ビューアまたはタイムラインにイン点やアウト点が指定されている状態で通常のループ再生を行うと、自動的にイン点からアウト点までの範囲の再生が繰り返されます。

また、「表示」メニューにある「ズーム」から「ウィンドウに合わせる」「拡大」「縮小」のいずれかを選択してもタイムラインの幅を変更できます。キーボードショートカットはそれぞれ「[shift]+[Z]」「[command (Ctrl)] + [+]」「[command (Ctrl)] + [-]」となっています。

「表示」メニューでも変更可能

> **補足情報：「ウィンドウに合わせる」をもう一度選ぶと？**
>
> 「表示」メニューにある「ズーム」→「ウィンドウに合わせる」をもう一度選ぶと、タイムラインは元の状態（「ウィンドウに合わせる」を選択する前の状態）に戻ります。キーボードショートカットを使用した場合でも同様の結果になります。

タイムラインの目盛りとタイムコード

　カットページの上のタイムラインとエディットページのタイムラインは、そのときの状態に合わせて目盛りの数と幅が変化します。それに対してカットページの下のタイムラインの目盛りは、常に最小が1フレームの状態で表示されます。

　再生ヘッドがこの目盛りの中のどの位置にあるかを示しているのがタイムコードです。DaVinci Resolveでは、時・分・秒・フレーム数を2桁ずつにして、「00:00:00:00」という書式で表示されます。

　ただし、DaVinci Resolveの初期設定では、タイムコードは「01:00:00:00」から開始されるようになっている点に注意してください。そのため、タイムコードが「01:02:34:12」なら、再生ヘッドは「2分34秒12フレーム」の位置にあることになります。

カットページのタイムコードと動画全体の長さ

エディットページのタイムコードと動画全体の長さ

> **コラム　なぜ開始タイムコードは「01:00:00:00」になっているのか？**
>
> 　ひとことで言えば、それが録画媒体としてテープを使用していた時代からの放送業会における通例だからです。理由はいくつかあるようですが、たとえばテープの回転を安定させるために数秒前から再生を開始させようとしたときに、開始位置のタイムコードが「00:00:00:00」になっていると、マイナスのタイムコードはないのでタイムコードは「23:59:57:00」のようになってしまいます。しかし「23:59:59:29」の次に「00:00:00:00」に切り替わる動作に未対応の機器やシステムがあったことが一つの大きな理由となっているようです。また、一般に完成して納品する映像の本編の前には、カラーバーやクレジットなどを収録することも関係していると言われています。
>
> 　このような理由なので、個人でYouTube用の動画を制作しているような場合には、開始タイムコードが「01:00:00:00」になっている必要はありません。開始タイムコードを「00:00:00:00」に変更するには、「DaVinci Resolve」メニューの「環境設定...」を開き、「ユーザー」タブを開いて「編集」の画面にある「開始タイムコード（Start timecode）」の値を「00:00:00:00」に変更してください。

新規タイムラインの作成方法

　新しくプロジェクトを作成した直後は、タイムラインを表示する領域は確保されているものの、タイムラインのファイルはまだ作られていません。タイムラインのファイルは、メディアプール内のクリップをタイムラインの領域に最初に配置したときに自動的に作成されます。最初に作られるタイムラインは「Timeline 1」という名前でメディアプール内に配置され、以降に作成するタイムラインは「Timeline 2」「Timeline 3」のように番号が増えていきます（この名前は変更可能です）。

　タイムラインのファイルは、「ファイル」メニューの「新規タイムライン...」を選択して作成することもできます。また、メディアプール内の何もないところを右クリックして、カットページなら「新規タイムラインを作成...」、エディットページなら「タイムライン」→「新規タイムラインを作成...」を選択しても同様に作成できます。

　これらの方法でタイムラインを作成した場合には、次のようなダイアログが表示されて開始タイムコードやタイムライン名などを変更できます。

　また、ここで左下の「プロジェクト設定を使用」のチェックを外すことで新しい画面が開き、プロジェクト設定とは異なる設定のタイムラインが作成できるようになります。たとえば、「フォーマット」タブを選択すると、プロジェクト設定とは違う解像度やフレームレートが指定できます。縦長の動画を作成したい場合は、ここで「縦長の解像度を使用」をチェックしてください。

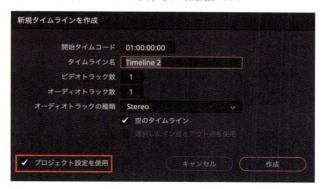

「新規タイムラインを作成...」を選択して表示されるダイアログ

「プロジェクト設定を使用」のチェックを外して「フォーマット」タブを選択したところ

タイムラインは、1つのプロジェクト内でいくつでも作成して切り替えて使用できます。タイムラインのファイルはビンの中に移動させても問題なく機能しますので、タイムライン用のビンを作成してそこにまとめて入れておくこともできます。

> **ヒント：タイムラインはコピーも複製もできる**
> メディアプール内のタイムラインのファイルは コピー＆ペーストできます。もちろん他のプロジェクトのものでもOKです（別のプロジェクトのタイムラインをコピー＆ペーストすると、そこで使用しているすべての素材データも自動的にコピー＆ペーストされます）。また、タイムラインのファイルを選択した状態で「編集」メニューから「タイムラインを複製」を選択するか、タイムラインを右クリックして「タイムラインを複製」を選択することで複製できます。

タイムラインの切り替え方

表示させるタイムラインを切り替えるには、ビューアの上中央にあるメニューから表示させたいタイムラインの名前を選択してください。また、メディアプール内にあるタイムラインのファイルをダブルクリックすると、そのタイムラインに表示が切り替わります。

タイムラインはビューアの上中央にあるメニューで切り替えられる

> **補足情報：タイムラインのメニューでの表示順**
> ビューアの上中央にあるメニューでのタイムラインの表示順は、初期状態では「最近使った順」になっています。これを変更するには「DaVinci Resolve」メニューの「環境設定...」を開き、「ユーザー」タブの「ユーザーインターフェース設定」にある「タイムラインの並べ替え」で表示順を選択してください。

タイムラインのトラックとは？

　タイムラインには動画のクリップを配置しますが、それに重ねてテロップを表示させたり、BGMや効果音を入れたりもします。それを可能にするために、タイムラインには複数のクリップを同じ時間軸に同時に配置できるようにするためのトラックが追加できるようになっています。トラックは簡単に言えば、==クリップを横一列に配置できる領域==で、同時に重ねて配置したいクリップの数だけ何層にも追加することができます。

赤で囲ったそれぞれの領域がトラック

　エディットページのトラックは、一般的な動画編集ソフトと同様にタイムラインの上下で大きく2つに分けられています。上側は映像・画像・テロップといった視覚的なクリップを配置するトラック（ビデオトラック）で、下側は音声・BGM・効果音といった音データ専用のトラック（オーディオトラック）です。ビデオトラックでは、上の層のトラックほど上に重なった状態で再生されます。そのため基本となる動画のクリップは通常はビデオトラック1に配置し、テロップなどはビデオトラック2以上のトラックに配置します。ただし、黒い背景に文字だけを表示させたいような場合には、テロップをビデオトラック1に配置することもできます。

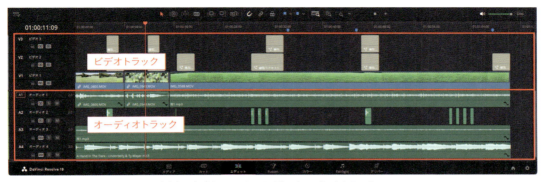

エディットページのタイムラインの上側はビデオトラック、下側はオーディオトラック

Chapter 3 ｜ 動画の編集作業　101

3-2 タイムラインについて

> **補足情報：「V1」や「A1」のあらわす意味**
>
> 各トラックのトラックヘッダー（トラックの左側の、スクロールしても動かない固定領域）には、「V1」「V2」「V3」「A1」「A2」「A3」のように表記されています。この「V」は「Video Track（ビデオトラック）」、「A」は「Audio Track（オーディオトラック）」をあらわしています。したがって、「V1」なら「Video Track 1」、「A2」なら「Audio Track 2」という意味になります。

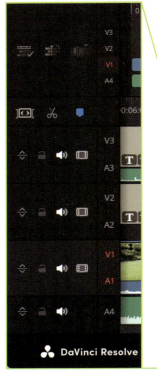

それに対してカットページのトラックは、少し変則的です。タイムライン全体が上下2つに別れているわけではなく、ビデオトラックにはそれと同じ番号のオーディオトラックが含まれる形でセットになって表示されます。つまり、「V1」には最初から「A1」が含まれており、「V2」を作成するとそこには「A2」が含まれています。カットページのビデオトラックも、数字の大きなものほど上に重なって表示されます。

カットページの映像とセットではない音だけのオーディオトラックに関しては、ビデオトラックの下に一番下のトラックだけが表示されます。動画制作業界の慣習として、BGMは一番下のトラックに配置するのが一般的ですが、この仕様によってBGMの波形だけは常に確認できるようにしているようです。

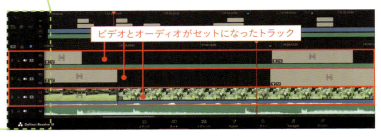

カットページのビデオトラックは、オーディオトラックとセットになっている

カットページのリップルモードとは？

ビデオトラック1（V1）は、==動画のベースとなる映像を配置するトラック==です。そのため、作業効率を重視するカットページにおいては、ビデオトラック1に対してクリップを挿入・削除・トリミングするなどして部分的に長さが変更されると、それに合わせてその後に続くすべてのクリップも自動的に前後に移動するようになっています（結果として動画全体の尺も変化します）。

このように、ビデオトラック1に手を加えることによって後続するすべてのクリップも一緒に移動する編集モードのことを==リップルモード==と言います。このモードでは、たとえばビデオトラック1上のあるクリップを「削除」すると、その削除された範囲を埋めるように後続のすべてのクリップが前に移動します。逆にあるクリップを「挿入」すると、そのクリップの長さの分だけ後続のすべてのクリップが後ろにずれます。ビデオトラック2や3のクリップに対して削除や挿入の操作をしても、ビデオトラック1のクリップが移動することはありません。

かつては、カットページは常にリップルモードになっており、そのモードを解除することはできませんでした。しかしDaVinci Resolve 18.5 からはタイムライン左側にある「リップルを有効化」アイコンをクリックしてグレーにすることでリップルモードをオフにできます（後続のクリップが移動しなくなります）。

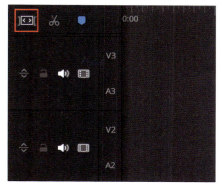

「リップルを有効化」アイコン

> **補足情報：リップルを一時的に無効にするには？**
> カットページでクリップをトリミングする際に［option（Alt)］キーを押しながらドラッグすることで、リップルモードを一時的に無効にすることができます。

カットページ以外のページにおいては、ビデオトラック1だけを特別に扱うリップルモードはありません。ただし、エディットページにおいて「トリム編集モード」に切り替えてトリミングの操作を行ったり、「リップル削除」などの操作を行うことで、トラックに関係なくリップルさせることは可能です。

タイムラインのバックアップを復元する

メディアプール内にあるタイムラインのファイルは、初期設定の状態で自動的にバックアップがとられるようになっています。バックアップ頻度などの細かい設定方法については、Chapter 2 の「プロジェクトのバックアップ（p.038）」を参照してください。

タイムラインのバックアップを復元するには、メディアプール内にあるタイムラインのファイル（Timeline 1など）を右クリックして「タイムラインバックアップを復元」を選択してください。ただし、カットページとデリバーページでは、この操作は行えません。

タイムラインを右クリックして「タイムラインバックアップを復元」を選択

> **ヒント：元のタイムラインは上書きされずに残る**
> タイムラインのバックアップを復元すると、「Timeline 1 Backup」のような名前の新しいタイムラインとしてメディアプール内に作成されます。元のタイムラインは上書きされずにそのままメディアプール内に残ります。

> **補足情報：バックアップが表示されないときは？**
> 作成したばかりのタイムラインにはバックアップはありません。環境設定の「バックアップ頻度」で設定している時間（初期設定では10分）が経過すると自動的にバックアップがとられ、復元可能なバックアップとして表示されるようになります。

3-2 削除したタイムラインを復元する

メディアプール内で削除したタイムラインを復元するには、次のように操作してください。

1 「…」から「削除されたタイムラインバックアップ…」を選択する

メディアプールの右上にある「…」をクリックして「削除されたタイムラインバックアップ…」を選択してください。なお、この操作はカットページとデリバーページでは行えません。

2 復元するタイムラインを選択する

バックアップ済みのタイムラインを一覧表示するダイアログが表示されますので、その中から復元させるバックアップを選択してください。

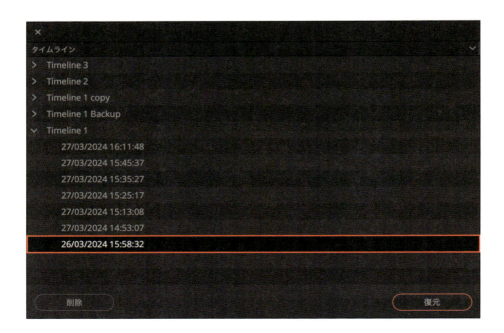

3　「復元」ボタンをクリックする

「復元」ボタンをクリックすると、メディアプール内に選択したバックアップが復元されます。それ以上復元させる必要がなければ、ダイアログの左上にある「×」をクリックしてウィンドウを閉じます。

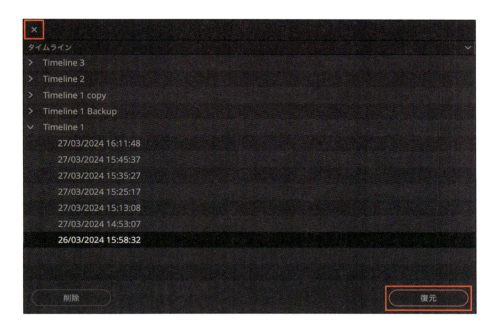

Chapter 3 ｜ 動画の編集作業　105

3-3 クリップをタイムラインに配置する

ここでは、クリップをタイムラインに配置するさまざまな方法について解説します。クリップの前後の不要な部分をカットする作業（トリミング）は、タイムラインに配置する前でも後でも行えます。配置前にイン点とアウト点を指定しておくことで、クリップの特定の範囲だけをタイムラインに配置できます。

配置前にイン点とアウト点を指定する

メディアプールのクリップをビューアで表示させている状態で［I］キーを押すと、ビューアの再生ヘッドの位置にイン点が設定されます。同様に［O］キーを押すとアウト点が設定されます。イン点とアウト点を設定しておくことで、クリップの指定した範囲（イン点からアウト点まで）だけがタイムラインに配置されるようになります。イン点とアウト点を設定していない場合は、クリップ全体がタイムラインに配置されます。

> **ヒント：イン点とアウト点は再生中でも停止中でも設定できる**
>
> ［I］キーと［O］キーは、クリップの再生中に押すこともできますし、停止しているときに押すこともできます。また、イン点またはアウト点の一方だけを設定することも可能です（設定されていない側はクリップの端までとなります）。

［I］キーと［O］キーは、「マーク」メニューの「イン点をマーク」と「アウト点をマーク」のキーボードショートカットです。

また、同じ「マーク」メニューでイン点およびアウト点を消去することもできます。「イン点を消去」のキーボードショートカットは［option（Alt）］＋［I］、「アウト点を消去」は［option（Alt）］＋［O］、「イン点とアウト点を消去」は［option（Alt）］＋［X］です。

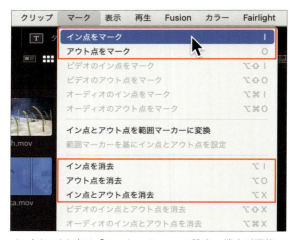

イン点とアウト点は「マーク」メニューで設定・消去が可能

▶ カットページでの操作

カットページのビューア下部にあるインハンドルとアウトハンドル、またはジョグインとジョグアウトのアイコンのいずれかをクリックすると、ビューアの表示がイン点とアウト点を設定するための専用画面に切り替わります。

イン点とアウト点を設定するための専用画面

ビューア上部の左側にはイン点のフレームの映像が表示され、右側にはアウト点のフレームの映像が表示されます。その下にあるインハンドルとアウトハンドルなどの白い5つの縦線は、いずれも左右にドラッグすることでイン点とアウト点の位置を変更できます。

さらに、再生ボタンや停止ボタンの両側にあるコントロールをクリックすることで、イン点とアウト点を1フレームずつ左右に移動させることもできます。

> **ヒント：イン点とアウト点を設定可能なところ**
>
> カットページでは、ビューアが「ソースクリップ」または「ソーステープ」のときにイン点とアウト点を設定できます。また、イン点とアウト点は配置先のタイムラインに設定することも可能です（詳細は「3点編集と4点編集（p.113）」を参照してください）。

▶ エディットページでの操作

エディットページでイン点とアウト点を設定するには、「マーク」メニューにある各項目およびそれらのキーボードショートカットを使用するか、ビューア下の右端にある「イン点をマーク」および「アウト点をマーク」ボタンをクリックしてください。

イン点とアウト点を設定するボタン

Chapter 3 | 動画の編集作業　　107

エディットページでは、「マーク」メニューの内容がカットページとは異なっており、同じ1つのクリップの映像と音声に別々のイン点とアウト点を設定および消去できるようになっています。

> **ヒント：ジョグバーを右クリックでもOK！**
>
> ジョグバー（ビューア下のイン点とアウト点の位置を表示しているところ）を右クリックして「ビデオとオーディオを分割してマーク」を選択しても、映像と音声に別々のイン点とアウト点を個別に設定できます。ただし、この方法では個別に消去することはできません。

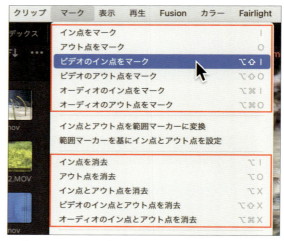

エディットページでは「マーク」メニューの内容が変わる

各キーボードショートカットをまとめると、次のようになっています。

機能	ショートカット
イン点をマーク	[I]
アウト点をマーク	[O]
ビデオのイン点をマーク	[option（Alt）] + [shift] + [I]
ビデオのアウト点をマーク	[option（Alt）] + [shift] + [O]
オーディオのイン点をマーク	[option（Alt）] + [command（Ctrl）] + [I]
オーディオのアウト点をマーク	[option（Alt）] + [command（Ctrl）] + [O]
イン点を消去	[option（Alt）] + [I]
アウト点を消去	[option（Alt）] + [O]
イン点とアウト点を消去	[option（Alt）] + [X]
ビデオのイン点とアウト点を消去	[option（Alt）] + [shift] + [X]
オーディオのイン点とアウト点を消去	[option（Alt）] + [command（Ctrl）] + [X]

映像と音声に別々のイン点とアウト点を設定した場合、ビューア下部のイン点とアウト点を示す線は上下に2つ表示され、上が映像のイン点とアウト点、下が音声のイン点とアウト点となります。

映像と音声のイン点とアウト点を個別に設定した状態

> **ヒント：イン点とアウト点を設定可能なところ**
> エディットページでは、「ソースビューア」と「タイムラインビューア」の両方でイン点とアウト点を設定できます。また、配置先のタイムラインに設定することも可能です（詳細は「3点編集と4点編集（p.113）」を参照してください）。

ドラッグして配置する（カットページ）

メディアプール内のクリップは、ドラッグ＆ドロップの操作でタイムラインに配置できます。同様に、ビューアが「ソースクリップ」または「ソーステープ」のときは、ビューアに表示されている映像を直接ドラッグ＆ドロップして配置できます。

> **ヒント：上下のどちらのタイムラインにも配置できる**
> カットページの場合は、上下に2つあるタイムラインのどちらにでもドラッグ＆ドロップできます。

> **ヒント：トラックがなければ作られる**
> クリップをトラックのない領域（ビデオトラックの上またはオーディオトラックの下）にドラッグすると、自動的に新しいトラックが作成されます。

> **ヒント：複数のクリップをまとめて配置できる**
> メディアプール内で複数のクリップを選択しておくことで、それらをまとめてタイムラインに配置できます。その場合でも、イン点とアウト点が設定されていればその範囲だけが配置されます。配置される順番は、その時点でのメディアプール内での順番と同じになります。

カットページにおいてドラッグ＆ドロップの操作でタイムラインにクリップを配置する場合、ドロップするトラックが==ビデオトラック1である場合とそうでない場合とで結果が異なります==。ドロップ先がビデオトラック2以上の場合は、配置先にクリップがあるとシンプルに上書きします。ドロップ先がビデオトラック1である場合は、ドロップする位置やタイミングによって次の3種類の配置方法になります。その際、「リップルを有効化」がオンになっていてもオフになっていても結果は同じです。

▶ 挿入

クリップの前後や間にドロップすると、その位置に挿入されます。挿入位置よりも右側にあるすべてのクリップは、挿入されたクリップの長さの分だけ右に移動します。
トラックヘッダーにドロップすることで、トラックの先頭に挿入することもできます。

▶ 置き換え

タイムラインにすでに配置してあるクリップとドラッグ中のクリップを置き換えるには、ドラッグ中のクリップを置き換えたいクリップの上にドロップしてください。置き換えたクリップの長さに応じて後続のクリップは全体的に前後に移動します。

> **補足情報：ドロップまでの時間で結果が変わる**
>
> 置き換えたいクリップの上でドロップせずにいると、次に説明する「上書き」のモードに切り替わります。

▶ 上書き

クリップをドラッグして、タイムラインに配置されているクリップの上ですぐにドロップせずに少し待つことで、タイムラインにあるクリップを上書きできます。ここでいう「上書き」とは、タイムラインにあるすべてのクリップを移動させることなく、==ポインタの位置からドラッグ中のクリップの長さの範囲だけタイムラインのクリップを上書き==する動作を指します。上書きは、タイムライン上のクリップの切れ目に関係なく、どこででも行うことができます。上書きのモードに切り替わると、置き換えられる範囲に枠と背景（サムネイル）が表示されますので、上書きされる範囲を確認の上、ドロップしてください。

ドラッグして配置する（エディットページ）

メディアプール内のクリップは、ドラッグ＆ドロップの操作でタイムラインに配置できます。同様に、ソースビューアに表示されているクリップは、ソースビューアを直接ドラッグ＆ドロップして配置できます。

すでにクリップが配置されている部分にドロップした場合は、元からあったクリップは上書きされます。その場合でも、元からタイムラインに配置されていたクリップの位置には影響を与えません。

> **ヒント：トラックがなければ作られる**
>
> クリップをトラックのない領域（ビデオトラックの上またはオーディオトラックの下）にドラッグすると、自動的に新しいトラックが作成されます。

> **補足情報：複数のクリップをまとめて配置できる**
>
> メディアプール内で複数のクリップを選択しておくことで、それらをまとめてタイムラインに配置できます。その場合でも、イン点とアウト点が設定されていればその範囲だけが配置されます。配置される順番は、その時点でのメディアプール内での順番と同じになります。

配置先コントロールについて

クリップを直接タイムラインにドラッグした場合は、クリップはドロップしたトラック上に配置されます。ドラッグ＆ドロップ以外の操作でクリップをタイムラインに配置する際に、どのトラックに配置されるのかを示しているのが「==配置先コントロール==」です。

具体的には、タイムラインのトラックヘッダーで「V1」「V2」「V3」「A1」「A2」「A3」のように表示されている部分が配置先コントロールで、その中の赤くなっているものが配置の対象となっているトラックです。初期状態では、「V1」と「A1」が赤くなっています。

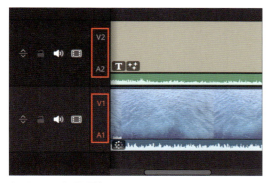

カットページの配置先コントロール

エディットページの配置先コントロール

　カットページでは、「V1」と「A1」、「V2」と「A2」のように同じ数字の配置先コントロールがセットになっています。

　エディットページでは、ビデオトラックとオーディオトラックの配置先コントロールを別々に設定できます。ただし、ビデオトラックとオーディオトラックのうち、赤くできる配置先コントロールはそれぞれ1つずつです。

　赤い配置先コントロール（配置先のトラック）を別のものに変更するには次のように操作してください。

▶ クリックして赤くする

赤くない配置先コントロールをクリックすることで赤くすることができます。この操作はカットページとエディットページで共通です。

▶ ビデオトラックの配置先をキーボードで変更する

エディットページでは、[command (Ctrl)] + [shift] + 上下キーで、ビデオトラックの赤くなっている配置先を上下に移動できます。また、[option (Alt)] + 数字キーで、その数字（1〜8）のビデオトラックを赤くすることができます。

▶ オーディオトラックの配置先をキーボードで変更する

エディットページでは、[command (Ctrl)] + [option (Alt)] + 上下キーで、オーディオトラックの赤くなっている配置先を上下に移動できます。また、[option (Alt)] + [command (Ctrl)] + 数字キーで、その数字（1〜8）のオーディオトラックを赤くすることができます。

映像または音声だけを配置する

ビデオクリップの映像のみ、または音声のみをタイムラインに配置したい場合は次のように操作してください。

▶ カットページでの操作

トラックヘッダーの上にある次のボタンを押して赤くしておくことで、ビデオクリップの映像または音声のどちらかだけを配置できます。

「ビデオのみ挿入」と「オーディオのみ挿入」のアイコン

ヒント：配置できるクリップが限定される点に注意！

「ビデオのみ挿入」のボタンを赤くすると、タイムラインにオーディオクリップを配置できなくなります。同様に、「オーディオのみ挿入」のボタンを赤くすると、音声の入っていないビデオクリップは配置できなくなります。

▶ エディットページでの操作

エディットページで映像または音声のみを配置したい場合は次のいずれかの操作をしてください。

ソースビューアのオーバーレイをドラッグする

クリップをソースビューアで表示させている状態でポインタをソースビューアの上にのせると、ソースビューアの下部中央に次のような2つのオーバーレイが表示されます。これらのオーバーレイのうち、左のオーバーレイをドラッグして配置すると映像のみが、右のオーバーレイをドラッグして配置すると音声のみが配置されます。

ビューアの下部中央に表示されるオーバーレイ

配置先コントロールを無効にする

赤くなっている配置先コントロールをクリックすると、色がグレーに変わり、そのトラックは無効になります。オーディオトラックが無効になっている状態でクリップを配置すると、映像の

みが配置されます。同様に、ビデオトラックが無効になっている状態でクリップを配置すると、音声のみが配置されます。グレーになっている配置先コントロールを再度クリックすると、色は赤に戻ります。

オーディオトラック（A1）を無効にした状態

ビデオトラック（V1）を無効にした状態

［option（Alt）］キーを押しながらドラッグする（映像のみ配置）
クリップをドラッグしてタイムラインに配置する際に［option（Alt）］キーを押していると、映像のみが配置されます。

［shift］キーを押しながらドラッグする（音声のみ配置）
クリップをドラッグしてタイムラインに配置する際に［shift］キーを押していると、音声のみが配置されます。

3点編集と4点編集

　イン点とアウト点は、ビューアだけでなくタイムラインにも設定できます。したがって、ビューアのイン点とアウト点、タイムラインのイン点とアウト点の計4つの点が設定できることになります。この4つの点のうち、任意の3点を設定してクリップを配置する方法を3点編集、4点すべてを設定して配置する方法を4点編集と言います。

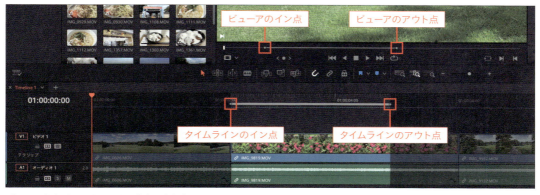

ビューアとタイムラインのイン点とアウト点

3-3 クリップをタイムラインに配置する

　イン点とアウト点に関連して、クリップをタイムラインに配置する際には、以下のルールが適用されます。ただし、次の「共通する7種類の配置方法」および「カットページの6種類の配置方法」で解説する配置方法の種類によっては、結果が異なる場合があります。一般に3点編集を行う際は、このあとに解説する「上書き」や「挿入」で配置します。4点編集を行う際は、「フィット トゥ フィル」または「リップル上書き」で配置します。

- 配置するクリップにイン点がない場合、クリップの最初のフレームをイン点として配置する。
- 配置するクリップにアウト点がない場合、クリップの最後のフレームをアウト点として配置する。
- タイムラインにイン点もアウト点もない場合、再生ヘッドの位置をタイムラインのイン点として配置する。
- タイムラインにイン点だけが設定されている場合、配置するクリップとタイムラインのイン点の位置を合わせて配置する。配置するクリップは、クリップのイン点からアウト点までの長さとなる。
- タイムラインにアウト点だけが設定されている場合、配置するクリップとタイムラインのアウト点の位置を合わせて配置する。配置するクリップは、クリップのイン点からアウト点までの長さとなる。
- タイムラインにイン点とアウト点が設定されており、配置するクリップにはイン点だけが設定されている場合、両方のイン点の位置を合わせて配置する。その際、クリップはタイムラインのイン点とアウト点の範囲内に配置する。
- タイムラインにイン点とアウト点が設定されており、配置するクリップにはアウト点だけが設定されている場合、両方のアウト点の位置を合わせて配置する。その際、クリップはタイムラインのイン点とアウト点の範囲内に配置する。
- 4点すべてが指定されている場合、イン点の位置を合わせて配置する。その際、クリップはタイムラインのイン点とアウト点の範囲内に配置する。

> **ヒント：アウト点の位置が1目盛り分ずれる理由**
>
> タイムラインの目盛りを拡大した状態でアウト点を設定すると、再生ヘッドのある位置ではなく、その次（右隣）の目盛りがアウト点になります。そのようになる理由は、==目盛りはフレームの境界を示す線であるのに対し、タイムラインのフレームには長さがあるからです==。たとえばタイムラインのフレームレートが24fpsであれば、1つのフレームには1/24秒の長さがあります。タイムラインの目盛りはフレームの開始位置を示しており、その目盛から次の目盛りまでが1フレームなのです。そのため、イン点からの範囲としてアウト点を示すと次の目盛までとなるため、アウト点は再生ヘッドの次の目盛の位置となります。

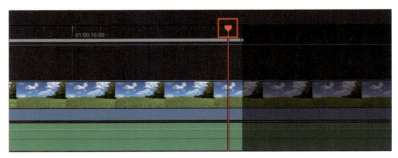

アウト点は再生ヘッドの次のフレームに設定される

共通する7種類の配置方法

DaVinci Resolveでは、カットページとエディットページの両方で共通して使える配置方法として、「編集」メニューから選べる7種類が用意されています。キーボードショートカットは上から順に、[F9]〜[F12]キーおよび[shift]+[F10]〜[F12]キーです。

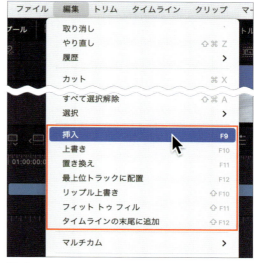

エディットページでは、ソースビューアの映像をタイムラインビューアにドラッグすると同じ7種類の配置方法が表示され、そのいずれかにドロップすることで同様の配置ができます。シングルビューアモードの場合は、メディアプールのクリップをビューアにドラッグすることで同様の配置ができます。

「編集」メニューから選べる7種類の配置方法

ソースビューアからタイムラインビューアにドラッグしても同様に配置できる

また、エディットページではタイムラインの上に「挿入」「上書き」「置き換え」のボタンが用意されています。

タイムラインの上にある「挿入」「上書き」「置き換え」のボタン

カットページではさらに、これらとは少し機能の異なる6種類の配置ボタンが用意されています。それらについては、次の「カットページの6種類の配置方法」で解説しています。

▶ 挿入

メディアプールで選択されているクリップを、==タイムラインの再生ヘッドの位置==に挿入します。挿入位置よりも右側にあったすべてのクリップは、挿入されたクリップの長さの分だけ右に移動します。ただし、カットページとエディットページでは、再生ヘッドがクリップの途中にあった場合の挿入位置が異なります。

カットページでは、再生ヘッドがクリップの途中にあった場合は、再生ヘッドが置かれているクリップの左右の編集点のうち、再生ヘッドに近い方の編集点に挿入されます。この操作によってタイムラインにあるクリップが分割されることはありません。

それに対してエディットページでは、再生ヘッドがクリップの途中にあると、その位置でクリップを分割して挿入します。

▶ 上書き

メディアプールで選択されているクリップを、タイムラインの再生ヘッドまたはイン点やアウト点で指定されている位置に上書きして配置します。もともとタイムラインに配置されていたその他のクリップの位置には影響を与えません。「上書」は、3点編集のときに一般的に使用される配置方法です。

▶ 置き換え

メディアプールで選択されているクリップのビューア上での再生ヘッドの位置を、タイムラインの再生ヘッドの位置に合わせた状態でクリップを上書き配置します。もともとタイムラインに配置されていたその他のクリップの位置には影響を与えません。

▶ 最上位トラックに配置

メディアプールで選択されているビデオクリップを、タイムラインの再生ヘッドまたはイン点やアウト点で指定されている位置にある==どのクリップよりも上のトラックに配置==します。その際、トラックがなければ新しいトラックが自動的に作成されます。オーディオクリップの場合は、逆にどのクリップよりも下のトラックに配置します。もともとタイムラインに配置されていたその他のクリップの位置には影響を与えません。

▶ リップル上書き

4点編集で、タイムラインのイン点からアウト点までを、==配置するクリップのイン点からアウト点までで置き換え==ます。別の言い方をすれば、タイムラインのイン点からアウト点までを削除し、配置するクリップのイン点からアウト点までをそこに挿入するということです。タイムラインのアウト点よりも右側にあったすべてのクリップは、置き換えられたクリップの長さの差の分だけ前後に移動します。

▶ フィット トゥ フィル

4点編集で、配置するクリップのイン点からアウト点までの映像の長さを、タイムラインのイン点からアウト点までの長さにぴったりと合うように==再生速度を変えて伸縮させた上で上書き==

配置します。したがって、（程度の差はありますが）配置するクリップの長さの方が短ければスローモーションになり、配置するクリップの方が長ければ早送り再生になります。そのような処理を自動的に行った上で、配置するクリップの長さをタイムラインのイン点からアウト点までの長さとピッタリ同じにした上で上書きします。そのため、この配置によってもともとタイムラインに配置されていたその他のクリップの位置がずれることはありません。

▶ **タイムラインの末尾に追加**

メディアプールで選択されているクリップをトラックの末尾（最後のクリップの直後）に追加します。

カットページの6種類の配置方法

カットページのメディアプールの下部には、タイムラインにクリップを配置するためのボタンが6つあり、それぞれ次のような機能を持っています。

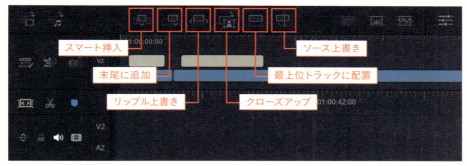

カットページ専用の6種類の配置ボタン

▶ **スマート挿入**

メディアプールで選択中のクリップを、タイムラインの再生ヘッドにもっとも近い編集点に挿入します。編集点よりも右側にあったすべてのクリップは、挿入したクリップの長さの分だけ右に移動します。

▶ **末尾に追加**

メディアプールで選択中のクリップを、トラックの末尾（最後のクリップの直後）に追加します。

▶ **リップル上書き**

タイムラインの再生ヘッドのある位置のクリップを、メディアプールで選択中のクリップで置き換えます。別の言い方をすれば、タイムラインのクリップを削除し、メディアプールのクリップをその位置に挿入するということです。このとき、置き換えたクリップの長さに応じて、後続のすべてのクリップは前または後ろに移動します。

ただし、タイムラインにイン点とアウト点を設定している場合（4点編集をした場合）は、クリップのその範囲だけが削除され、その位置にメディアプールのクリップが挿入されます。後続のクリップは、前または後ろに移動します。

▶ クローズアップ

このボタンは、メディアプールにあるクリップとは関係なく、すでにタイムラインに配置してあるクリップが数秒間クローズアップされた状態になるクリップを自動生成するためのものです。新しいクリップは、元の映像と同期した状態で、1つ上のトラックに追加されます（元のクリップはそのままの状態で残ります）。このとき、顔が映っていれば自動検出され位置や拡大率も調整されますので、一瞬の表情の変化などを強調したい場合などに使うと便利です。

新しいクリップはタイムラインの再生ヘッドの位置から5秒間分作られます。ただし、タイムラインにイン点やアウト点を設定している場合は、その範囲に合わせて作成されます。また、再生ヘッドの位置からクリップの終わりまでの長さが5秒間に満たない場合は、クリップの終わりまでの長さとなります。追加されるクリップの拡大率は映像によって異なりますが、約150%です。生成されたクリップの長さや拡大率などは、インスペクタで自由に変更できます。

▶ 最上位トラックに配置

メディアプールで選択されているビデオクリップを、タイムラインの再生ヘッドまたはイン点やアウト点で指定されている位置にあるどのクリップよりも上のトラックに配置します。その際、トラックがなければ新しいトラックが自動的に作成されます。オーディオクリップの場合は、逆にどのクリップよりも下のトラックに配置します。もともとタイムラインに配置されていたその他のクリップの位置には影響を与えません。

▶ ソース上書き

メディアプールで選択中のクリップを、タイムラインの再生ヘッドの置かれているクリップのタイムコードと同期させて最上位のトラックに配置します。この機能は、タイムコードを同期させた素材を使用するときにのみ有効となります。

3-4 タイムラインでのトラックの操作

タイムラインはトラックで構成されており、クリップはトラックの内部に配置します。ここではトラック単位でのさまざまな操作の方法について解説します。トラックは、その全体を表示されないようにしたり、音が出ないようにしたり、変更できないようにロックすることなどができます。また、トラックを多く使用する場合は、色を変更することで他のトラックと見分けやすくなります。

トラックヘッダーのアイコン（カットページ）

カットページの各トラックの左側（トラックヘッダー）には、トラックを制御するためのアイコンが用意されています。これらはそれぞれ以下のような機能を持ち、状態によってアイコンの色や形が変化します。

カットページのトラックヘッダー

① トラックを拡大

トラックを拡大表示して、オーディオトラックをビデオトラックと同じ高さで表示します。トラックを拡大すると「トラックを拡大」アイコンは「トラックを折り畳む」アイコンに切り替わります。

もう一度同じアイコンをクリックするか、他のトラックの「トラックを拡大」アイコンをクリックすると元の表示に戻ります。拡大表示できるトラックは、トラック全体の中で一度に1つだけです。

トラックが折り畳まれている状態

トラックを拡大した状態

❷ トラックをロック

トラックをロックして「変更不可」の状態にします。変更不可になると、アイコンはグレーから白に変わります。もう一度押すと「変更可」の状態になり、アイコンはグレーに戻ります。

他のトラックのクリップを分割する際に一緒に分割されないようにしたい場合や、他のトラックのクリップを移動する際に一緒に移動してしまわないようにしたい場合などに使用します。

❸ トラックをミュート

そこに含まれるオーディオトラックだけを無効にします（映像は見えるけれども、音声は聞こえない状態になります）。ミュートの状態になると、アイコンは白から赤に変わります（同時にアイコンのスピーカーの右側が「×」になります）。もう一度押すと音声が聞こえる状態になり、アイコンは白に戻ります。

❹ トラックを無効化

そこに含まれるビデオトラックだけを無効にします（音声は聞こえるけれども、映像は見えない状態になります）。ビデオトラックが無効になると、アイコンは白から赤に変わります（同時にアイコンの上に「／」が表示されます）。もう一度押すと映像が見える状態になり、アイコンは白に戻ります。

❺ 配置先コントロール

ドラッグ＆ドロップ以外の操作でクリップをタイムラインに配置する際に、どのトラックに配置されるのかを赤い色で示しています。詳細は「配置先コントロールについて（p.110）」を参照してください。

トラックヘッダーのアイコン（エディットページ）

エディットページの各トラックの左側（トラックヘッダー）には、トラックを制御するためのアイコンやテキストが用意されています。これらはそれぞれ以下のような機能を持ち、状態によってアイコンの色や形は変化します。

エディットページのトラックヘッダー

❶ 配置先コントロール

ドラッグ＆ドロップ以外の操作でクリップをタイムラインに配置する際に、どのトラックに配置されるのかを赤い色で示しています。詳細は「配置先コントロールについて（p.110）」を参照してください。

❷ トラック名

初期状態では「ビデオ1」や「オーディオ1」のようなトラック名が表示されています。トラック名はクリックして変更できます。

❸ トラックをロック

トラックをロックして「変更不可」の状態にします。変更不可になると、アイコンはグレーから白に変わります。もう一度クリックすると「変更可」の状態になり、アイコンはグレーに戻ります。他のクリップの操作の影響を受けて、意図せず変更してしまわないようにする場合などに使用します。

❹ 自動トラック選択

リップルによるクリップの移動を禁止します。このアイコンは初期状態では白くなっており、その状態だと挿入などの操作によって後続のクリップは移動します。しかし、このアイコンをクリックしてグレーにすると、クリップを挿入した場合でも、そのトラック内のクリップは移動しなくなります。

❺ ビデオトラックを無効化

ビデオトラックを無効化して表示されないようにします。無効化されているとアイコンは赤くなります。このアイコンはビデオトラックでのみ表示されます。

❻ ソロ

複数あるオーディオトラックのうち、特定のオーディオトラックの音だけを再生したい場合に使用します。このアイコンをクリックするとアイコンがグリーンに変化し、そのオーディオトラック以外のオーディオトラックの音は再生されなくなります。このアイコンはオーディオトラックでのみ表示されます。

❼ トラックをミュート

オーディオトラックを無効化して音が出ないようにします。無効化されているとアイコンは赤くなります。このアイコンはオーディオトラックでのみ表示されます。

Chapter 3 ｜ 動画の編集作業

トラックの追加（カットページ）

カットページでタイムラインにトラックを追加するには、次のいずれかの操作を行ってください。

▶ トラックのない領域にドラッグ＆ドロップ

メディアプール内にあるクリップを、タイムラインの最上位のトラックよりも上の領域にドラッグ＆ドロップすると、トラックが自動的に追加されます。この操作は上下のタイムラインのどちらでもできます。

また、タイムラインに配置済みのクリップを、最上位のトラックよりもの上の領域にドラッグ＆ドロップで移動させてもトラックが自動的に追加されます。

▶「タイムラインアクション」メニューから選択

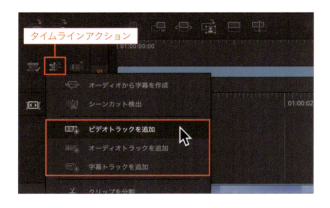

トラックヘッダーにある「タイムラインアクション」のメニューから「ビデオトラックを追加」「オーディオトラックを追加」「字幕トラックを追加」のいずれかを選択することでトラックを追加できます。

▶ 右クリックして「トラックを追加」を選択

下のタイムラインのクリップのない部分を右クリックして「トラックを追加」を選択するとトラックが追加されます。また、ビデオトラックのヘッダー部分を右クリックすると「Videoトラックを追加」という項目があり、それを選択することでトラックを追加できます。

トラックの追加（エディットページ）

エディットページでタイムラインにトラックを追加するには、次のいずれかの操作を行ってください。

▶ 右クリックして追加（ビデオトラック）

エディットページのビデオトラックのトラックヘッダーを右クリックすると、「トラックを追加」「トラックを追加...」「字幕トラックを追加」という項目が表示されます。

「トラックを追加」を選択するとビデオトラックが追加され、「字幕トラックを追加」を選択すると字幕専用のトラックが追加されます。

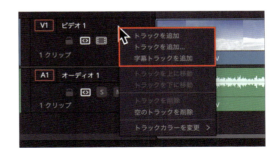

「トラックを追加...」を選択すると右のようなダイアログが表示され、ビデオトラックとオーディオトラックの両方を追加できます。その際、追加するトラックの数や挿入位置、オーディオトラックの種類（モノラルかステレオかなど）も指定可能です。

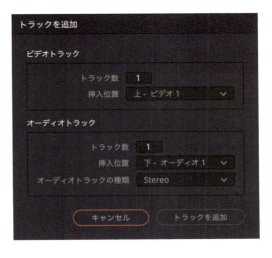

Chapter 3 ｜ 動画の編集作業　123

▶ 右クリックして追加（オーディオトラック）

エディットページのオーディオトラックのトラックヘッダーを右クリックすると、「トラックを追加 ＞」「トラックを追加…」「字幕トラックを追加」という項目が表示されます。

「トラックを追加…」と「字幕トラックを追加」に関してはビデオトラックを右クリックしたときと同様ですが、「トラックを追加 ＞」は階層メニューになっており、追加するオーディオトラックの種類（モノラルかステレオかなど）が選べるようになっています。

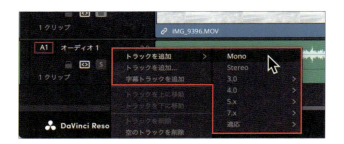

トラックの削除

トラックヘッダーを右クリックして「トラックを削除」を選択すると、そのトラックは配置されているクリップごと削除されます。

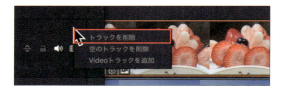

> **ヒント：空のトラックをまとめて全部削除するには？**
> 「空のトラックを削除」を選択すると、空のトラックがすべて削除されます。

トラックカラーの変更

エディットページまたはFairlightページでトラックヘッダーを右クリックし、「トラックカラーを変更」を選択することでトラックの色を変更できます。この操作はカットページではできませんが、他のページでトラックカラーを変更するとカットページでもその色で表示されます。

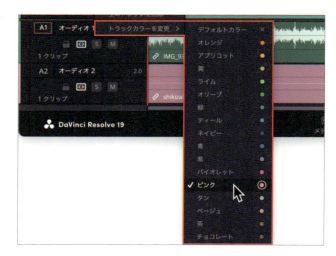

3-5 タイムラインでのクリップの操作

ここでは、動画の編集作業の中心となるカット編集において必須の各種操作方法について解説します。どの操作も基礎的で簡単なものばかりですが、何通りもあるやり方の中から自分に合った操作方法を見つけておくだけで作業効率は大幅にアップします。特に、便利なキーボードショートカットについては、必要なものをしっかりと覚えておきましょう。

クリップのトリミング

クリップの前後の不要な部分を取り去る作業のことをトリミング（トリム）と言います。DaVinci Resolveは非破壊編集を行っているため、一度短くしたクリップを後からまた長くすることもできます。

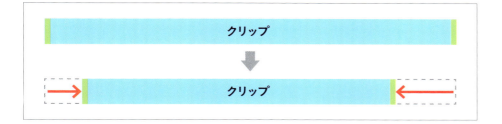

マウスポインタをタイムラインにあるクリップの左端または右端に近い部分に移動させると、次のような形状に変化します。この状態で左右にドラッグすることでクリップをトリミングすることができます。ドラッグしている最中には、元のクリップの長さをあらわす白い枠線が表示されます。

トリミングが可能な状態であることを示すポインタの形状

> **ヒント：1フレームずつトリミングするショートカット**
>
> マウスポインタが左のように変化した状態でクリックまたはドラッグの操作をすると、トリミングが可能となっているクリップの端に緑色の縦線が表示されます。その状態で「,」キーを押すと1フレーム分左側に、「.」キーを押すと1フレーム分右側にトリミングできます。

カットページでは、上下のタイムラインのどちらでも同様に操作できます。また、カットページでビデオトラック1をトリミングした場合は、後続のクリップはそれに合わせて前後に移動します（「リップルを有効化」がオンの場合）。

エディットページの場合、初期状態の「選択モード」になっているとリップルはしませんが、「トリム編集モード」になっていると、トラックに関係なくリップルします。キーボードショートカットは、それぞれ［A］と［T］です。

「選択モード」の状態

「トリム編集モード」の状態

クリップのロール

　左右に隣接している2つのクリップの、左のクリップの開始フレームと右のクリップの終了フレームはそのまま固定して、左右のクリップの境界位置だけをずらすように移動させる操作をロールと言います。このとき、一方のクリップを長くするともう一方はその分だけ短くなるように動作しますので、2つのクリップの合計の再生時間は変化しません。

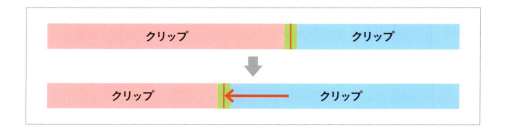

　マウスポインタをタイムラインにある2つのクリップの境界付近に移動させると、右のような形状に変化します。この状態で左右にドラッグすることでクリップをロールすることができます。

　ロールとは具体的に言えば、接しているクリップのうち一方をトリミングして短くすると同時に、もう一方をトリミングされた状態から復活させて長くする操作です。そのため、接しているクリップの最低でも一方がトリミング済みでなければこの操作は行えません。操作中には、白い枠線が表示されて境界の移動可能な範囲がわかるようになっています。

ロールが可能な状態であることを示すポインタの形状

　カットページでは、上下のタイムラインのどちらでも同様に操作できます。またエディットページでは、この操作は「選択モード」でも「トリム編集モード」でも行うことができます。

ビューアのトリムエディターの使い方

　カットページのタイムラインでトリミングまたはロールの操作を行うと、自動的にビューアの表示が切り替わってトリムエディターになります。エディットページの場合は、タイムラインの編集点をダブルクリックするか、「トリム」メニューから「トリムエディター」を選択することでビューアの表示をトリムエディターに切り替えることができます。

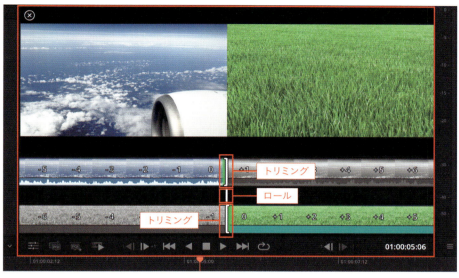

ビューアに表示されたトリムエディター

　左側には隣接する前のクリップが表示され、右側には隣接する後のクリップが表示されます。フィルムのように表示されているのは、上段が前のクリップで、下段が後のクリップです。これらはそれぞれ中央の白い縦線を左右にドラッグすることでトリミングできます。白黒の部分はトリミングして未使用の部分をあらわしており、数字は相対的なフレーム数をあらわしています。上段と下段の間の白い縦線を左右にドラッグすることで、ロールの操作ができます。

　ビューアの下にある次のアイコンをクリックすることで、1フレームずつトリミングまたはロールできます。トリミングする場合は、左側は隣接する前のクリップ用で、右側が後のクリップ用となります。ロールの場合は、左側は境界の位置を右へ移動、右側は境界の位置を左へ移動させるボタンとなります。

このボタンをクリックすることで1フレームずつトリミングできる

Chapter 3 ｜ 動画の編集作業　127

クリップのスリップ

　クリップの位置と長さは変更することなく、クリップの使用する範囲を前後にずらす操作をスリップと言います。この操作は、トリミング済みのクリップでのみ行うことができます。

　スリップの操作中はビューアが4分割され、クリップの最初と最後のフレーム、前のクリップの最後のフレーム、次のクリップの最初のフレームが確認できます。

スリップ中はビューアで前後の境界部分のフレームが確認できる

> **補足情報：複数のクリップを一度にスリップできる**
> あらかじめタイムラインの複数のクリップを選択しておくことで、複数のクリップをまとめてスリップさせることができます。

▶ カットページでの操作

　カットページの下のタイムライン内の各クリップの中央には、右のようなアイコンが表示されています。このアイコンを左右にドラッグすることでスリップさせることができます。

スリップの操作を行うためのアイコン

▶ エディットページでの操作

エディットページでスリップの操作を行うには、通常の「選択モード」から「トリム編集モード」に切り替える必要があります。

「トリム編集モード」の状態で、マウスポインタをタイムラインにあるクリップの赤い枠で示した範囲内に移動させると、右のような形状に変化します。この状態で左右にドラッグすることでスリップさせることができます。このとき、ポインタをクリップの左右の端に近づけるとトリミングのモードになり、赤い枠より下の領域に移動させるとスライドのモードに切り替わりますので注意してください。

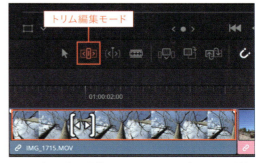

スリップが可能な状態であることを示すポインタの形状

クリップのスライド

　クリップの長さは変更することなく、タイムライン上でのクリップの配置されている位置を左右にずらす操作をスライドと言います。この操作を行うと、前後のクリップの長さも変化します（前後のクリップのうち、一方は長くなり、他方は短くなります）。この操作は、エディットページでのみ行うことができます。

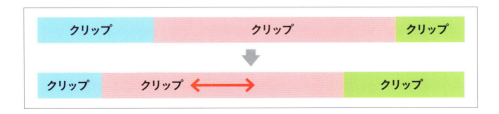

　スライドの操作を行うには、通常の「選択モード」から「トリム編集モード」に切り替える必要があります。

「トリム編集モード」の状態で、マウスポインタをタイムラインにあるクリップの赤い枠で示した範囲内に移動させると、右のような形状に変化します。この状態で左右にドラッグすることでスライドさせることができます。このとき、ポインタをクリップの左右の端に近づけるとトリミングのモードになり、赤い枠より上の領域に移動させるとスリップのモードに切り替わりますので注意してください。

スライドが可能な状態であることを示すポインタの形状

Chapter 3 ｜ 動画の編集作業　　129

スライドの操作中はビューアが4分割され、クリップの最初と最後のフレーム、前のクリップの最後のフレーム、次のクリップの最初のフレームが確認できます。

スライド中はビューアで前後の境界部分のフレームが確認できる

クリップの分割

タイムライン上のクリップを分割して2つに分けるには、分割したい位置に再生ヘッドを合わせた上で次のいずれかの操作を行ってください。このとき、タイムライン上でクリップを選択しているとそのクリップだけが分割されますが、クリップを選択していないと再生ヘッドの下にあるすべてのクリップが分割されます。

> **ヒント：分割しても元に戻せる**
>
> タイムラインのクリップを分割しても、元の素材データはそのまま残っています。クリップの分割は結果的には、同じクリップを2つ並べて配置して、前のクリップは後ろから分割点までをトリミングし、後ろのクリップは前から分割点までをトリミングした状態になっているだけです。そのため、分割した後でもクリップを元の長さまで戻すことが可能です。

▶【共通】「タイムライン」メニューから「レイザー」または「クリップを分割」を選択する

「タイムライン」メニューから「レイザー」または「クリップを分割」を選択すると、再生ヘッドの位置でクリップが分割されます。「レイザー」のキーボードショートカットは［command（Ctrl）］＋［B］、「クリップを分割」キーボードショートカットはMacなら［command］＋［\］、Windowsなら［Ctrl］＋［¥］です。

また、「タイムライン」メニューの「クリップを分割」のすぐ下には「クリップを結合」という項目があり、分割した部分をトリミングしていない状態であれば再結合できます。

◉ 【カットページ】トラックヘッダーにあるハサミのアイコンをクリックする

画面左側のトラックヘッダーの上付近にあるハサミのアイコンをクリックすると、再生ヘッドの位置でクリップが分割されます。

◉ 【カットページ】再生ヘッドの上部を右クリックして
ハサミのアイコンをクリックする

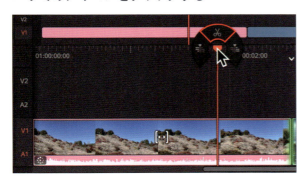

下のタイムラインの再生ヘッドの上の膨らんだ部分を右クリックすると表示される3つのアイコンのうち真ん中のハサミのアイコンをクリックすると、その位置でクリップが分割されます。

◉ 【カットページ】「タイムラインアクション」から「クリップを分割」を選択する

「タイムラインアクション」メニューから「クリップを分割」を選択すると、再生ヘッドの位置でクリップが分割されます。

Chapter 3 | 動画の編集作業 131

▶【エディットページ】「ブレード編集モード」に切り替えて クリップをクリックする

タイムラインの上にある「ブレード編集モード」アイコンをクリックするとブレード編集モードに切り替わり、ポインタがカミソリの刃の形状に切り替わります。この状態でポインタをクリップの上にのせると、クリップ上のポインタの位置に赤い縦線が表示されます。その状態でクリックすると、赤い線の位置でクリップが分割されます（分割されるのは赤い線が表示されているクリップだけです）。

「ブレード編集モード」に切り替えるキーボードショートカットは［B］です。

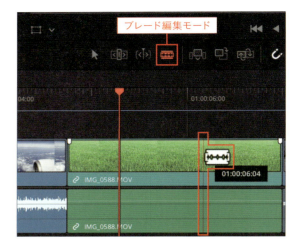

クリップの移動と複製

タイムラインに配置したクリップは、ドラッグ＆ドロップの操作で移動できます。エディットページでは、「選択モード」になっている場合にこの操作が可能となります。

ドラッグ＆ドロップする際に［option（Alt）］キーを押していると、クリップは複製されます。

エディットページでは「選択モード」のときに移動が可能

> **ヒント：カットページでは上下のタイムライン間でも可能**
> クリップの移動と複製は、カットページでは上下のタイムラインのどちらでも行えるだけでなく、上のタイムラインから下のタイムラインへ、下のタイムラインから上のタイムラインへも可能です。

> **ヒント：クリップはコピー、カット、ペーストも可能**
> クリップは一般的なアプリケーションと同じ操作でコピー、カット、ペーストができます。ペーストするクリップは、同じトラックの再生ヘッドの位置に配置されます。

タイムラインにあるクリップを移動または複製した場合の配置先での挙動は、メディアプール内のクリップをドラッグ＆ドロップの操作でタイムラインに配置した場合と同じです。詳細は「ドラッグして配置する（カットページ）（p.109）」および「ドラッグして配置する（エディットページ）（p.110）」を参照してください。

クリップの長さを数値で指定する

タイムライン上のクリップを選択（複数可）した状態で「クリップ」メニューから「クリップの長さを変更...」を選択するか、クリップを右クリックして「クリップの長さを変更...」を選択すると、次のようなクリップの長さを変更するダイアログが表示されます。キーボードショートカットは［command（Ctrl）］＋［D］です。

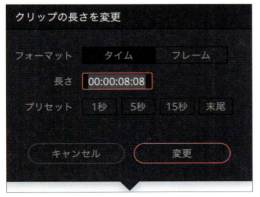

「フォーマット」を「タイム」にするとタイムコードでの指定となり、「フレーム」にするとフレーム数での指定となります。長さを数値で指定できるほかに、プリセットで「1秒」「5秒」「15秒」「末尾（クリップの最後まで）」を指定することもできます。

クリップの長さを数値で指定できるダイアログ

スナップのオンとオフ

スナップ機能とは、ドラッグして移動中のクリップを特定の位置に吸いつかせるようにしてピッタリと配置できるようにする機能です。具体的には、クリップの左右いずれかの端を、再生ヘッド・イン点・アウト点・編集点・マーカーのあるフレームに合わせて配置できるようにします。その際、移動中のクリップがスナップされる状態になると、タイムライン上のそのフレームに縦の白い線が表示され、そこにスナップされることがわかるようになっています（ただし再生ヘッドのあるフレームでは白い線は表示されません）。

この機能は初期状態でオンになっており、「タイムライン」メニューの「スナップ」を選択することでオンオフを切り替えられます。キーボードショートカットは［N］です。

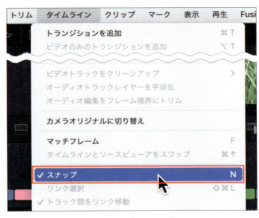

「タイムライン」メニューの「スナップ」

Chapter 3 ｜ 動画の編集作業　133

また、カットページでは「タイムラインオプション」内にある「スナップ」で、エディットページではタイムラインの上部にある「スナップ」アイコンで切り替え可能です。

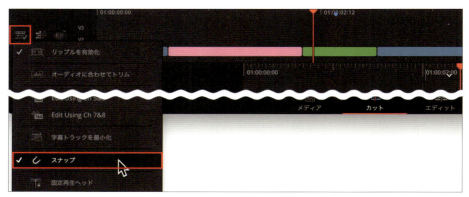

カットページでは「タイムラインオプション」で切り替え可能

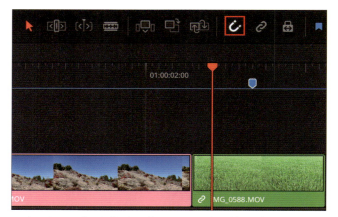

エディットページでは「スナップ」アイコンで切り替え可能

ポジションロックのオンとオフ

ポジションロックはエディットページでのみ可能な操作で、タイムライン上に配置されているすべてのクリップの位置をロックして左右に動かないようにします。

ポジションロックをオンにすると、クリップがリップルされなくなり、タイムライン上のクリップの位置に影響する操作もできなくなります。しかし、トリミング、ロール、スリップなどの一部の編集作業やインスペクタでの値の調整、エフェクトの適用などは可能です。

エディットページの「ポジションロック」アイコン

オーディオに合わせてトリムのオンとオフ

カットページの「タイムラインオプション」にある「オーディオに合わせてトリム」をチェックしてオンにすると、クリップの「トリミング」「ロール」「スリップ」の作業中はサムネイルが音声の波形に切り替わります。これによって、出演者が話し始めるタイミングなどが確認しやすくなり、音声に合わせた編集作業がより正確にできるようになります。

「タイムラインオプション」にある「オーディオに合わせてトリム」

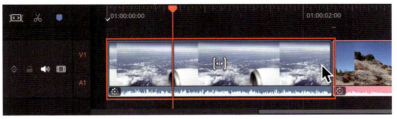

編集していないときの表示

トリミングなどの操作をすると波形の表示に切り替わる

クリップの削除

タイムラインに配置したクリップは、選択して［delete］キーを押すことで削除できます。［shift］キーを押しながら［delete］キーを押すと、「リップル削除（削除して後続の要素を前に詰める）」になります。これらは、「編集」メニューの「選択を削除」と「リップル削除」のキーボードショートカットです。

「編集」メニューの「選択を削除」と「リップル削除」

Chapter 3 ｜ 動画の編集作業　135

また、エディットページでは、タイムラインのクリップを右クリックして「選択を削除」「リップル削除」「リップルカット」を選択できます。「リップルカット」は、クリップを「リップル削除」した上で、そのクリップをペーストできるようにします。

クリップは複数選択しておくことで、それらをまとめて削除できます。また、タイムラインにイン点とアウト点を設定しておくと、その範囲だけを削除できます（1つのクリップの一部分でも複数のクリップを含む範囲でも可）。

> **補足情報：ビデオトラック1でもリップルされない場合がある**
> 削除したビデオトラック1のクリップの上または下に別のクリップがある場合などには、リップルされずにギャップ（空白）が挿入されます。ギャップは、クリックして選択し、[delete]キーを押すことで削除できまます。

クリップの無効化

カットページにおいて、タイムラインにあるクリップを無効化すると、そのクリップは表示されなくなり、音も出なくなります。エディットページの場合は、選択しているクリップがビデオトラックにあるものなら表示されなくなり、選択しているクリップがオーディオトラックにあるものなら音が出なくなります。

クリップを無効化するには、クリップを選択した状態で「クリップ」メニューにある「クリップを有効にする」のチェックをはずしてください。キーボードショートカットは［D］です。

また、カットページの場合は下のタイムラインにあるクリップを選択して右クリックし、「有効化」のチェックをはずしても無効化できます。エディットページの場合は、タイムラインにあるクリップを選択して右クリックして、「クリップを有効化」のチェックをはずしてください。

無効化されたクリップは、グレーがかった色に切り替わります。

クリップのミュート

カットページにおいてクリップの音を出なくするには、下のタイムラインにあるクリップを右クリックして、「ミュート」をチェックしてください。

エディットページでは、オーディオトラックにあるクリップを無効化することでミュートできます。

クリップがミュートされるとそのクリップはグレーに変わり、クリップの先頭にミュートされていることを示すアイコンが表示されます。

クリップカラーを指定する

1つもしくは複数のクリップを選択した状態で右クリックし、「クリップカラー」を選択することでクリップの色を変更できます（この操作はカットページでは下のタイムラインでのみ可能です）。色は16色の中から選択できますが、いちばん上の「カラーを消去」を選択することで元の色に戻すこともできます。

映像と音声を個別に編集する

1つのクリップの映像と音声を同時に開始・終了させるのではなく、再生のタイミングをずらしたい場合は次のように操作してください。

> **用語解説：Jカット、Lカット**
>
> クリップの映像と音声を同じタイミングで開始・終了させるのではなく、音声の再生を映像よりも先に開始させることをJカット、逆に音声の再生を映像よりもあとで終わらせることをLカットと言います。これはタイムラインでビデオクリップの下にあるオーディオクリップが左に伸びている様子を「J」で、逆にオーディオクリップが右に伸びている様子を「L」であらわした呼び方です。

▶ カットページでの操作

カットページのタイムラインでロールの操作をする際に、ポインタを音声の波形の上に移動させると、ロールのカーソルの右下に音符のマークが現れます。その状態で編集点をドラッグすることで、音声だけのロールやトリミングの操作ができます。

この操作を行う際は、トラックヘッダーにある「トラックを拡大」アイコンをクリックしてオーディオトラックを拡大しておくと、作業がしやすくなります。

カーソルに音符のマークが現れた状態でドラッグ

▶ エディットページでの操作

エディットページでは映像と音声は最初から別のトラックに表示されます。ただし初期状態ではそれらはリンク（同期）された状態になっており、トリミングなどの操作を行うと両方のクリップが連動して同じ状態になります。

この状態を解除してすべてのクリップの映像と音声を別々に編集できるモードに切り替えるには、タイムラインの上中央付近にある「リンク選択」アイコンをクリックしてオフ（アイコンが白ではなくグレーの状態）にしてください。もう一度クリックするとオンの状態に戻ります。

> **ヒント：Option+クリックで一方のみを選択できる**
>
> エディットページで「リンク選択」ボタンがオンになっている状態でも、[option（Alt）]キーを押しながらクリックすることで映像または音声の一方だけを選択できます。「リンク選択」ボタンがオフになっている場合は、逆に一方を選択するだけで両方を選択できます。

テイクセレクターの使い方（複数テイクの比較検討）

テイクセレクターは、タイムライン上のあるクリップを別のもの（テイク）に差し替えた方がいいかどうか迷っているような状況で、複数の候補クリップを比較検討する際に役立つ機能です。

具体的には、タイムラインに配置済みの1つのクリップを一時的に「複数の候補クリップを入れておける入れ物」のようにします。どの候補クリップを仮採用して表示（再生）させるかは、クリックするだけで簡単に切り替えられます。

テイクセレクターは、エディットページでのみ使用可能な機能です。また、テイクセレクターの機能が使えるクリップは、ビデオクリップと画像のクリップだけです。オーディオクリップやタイトル、ジェネレーターなどのクリップでは使用できません。

テイクセレクターを使用するには、次のように操作してください。

1 右クリックして「テイクセレクター」を選択する

エディットページのタイムラインで、他の候補クリップと比較検討したいクリップを右クリックして「テイクセレクター」を選択します。

> **補足情報:「クリップ」メニューからも開ける**
> タイムライン上のクリップを選択した状態で「クリップ」メニューの「テイクセレクター」を選択してもテイクセレクターが使用できます。

2 クリップの表示が切り替わる

クリップの表示がテイクセレクターのものに切り替わります。テイクセレクターが開いているあいだは、タイムラインのほかの部分は無効になって編集できなくなります（再生は可能です）。

3 候補クリップをドラッグして入れる

比較検討の候補にするクリップをメディアプールなどからドラッグして、テイクセレクターのクリップ上でドロップします。この操作を必要なだけ繰り返してください。ドラッグ＆ドロップした候補クリップは、テイクセレクターの領域内のクリップの上に重なって表示されます。

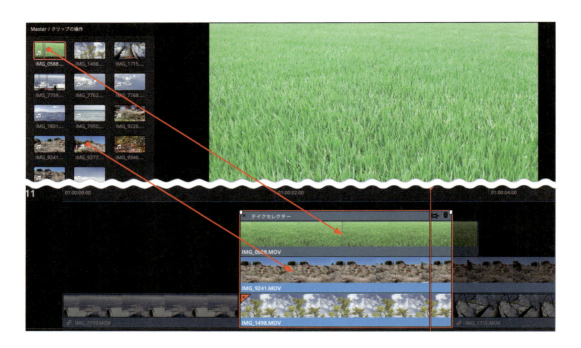

4 再生させるクリップをクリックして選択する

タイムラインの動画を再生すると、テイクセレクター内のクリップのうち、選択されているクリップだけが再生されます。再生されるクリップを変更するには、別の候補クリップをクリックしてください。この状態で候補クリップを切り替えて再生し、どれを採用するかを比較検討できます。この段階で最終的に確定させる必要はありません。

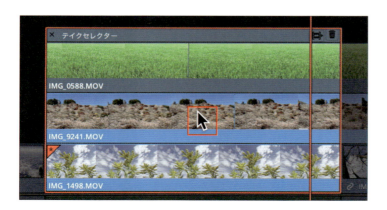

5 候補クリップを削除するには？

テイクセレクター内にある候補クリップを削除する（候補から外す）には、クリックして選択した上でテイクセレクターの右上にある「ゴミ箱」ボタンをクリックしてください。

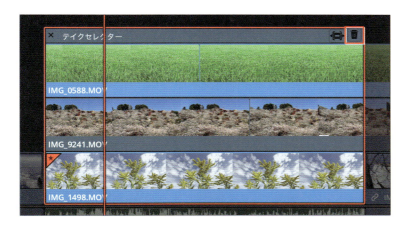

6 候補クリップをスリップするには？

テイクセレクター内の候補クリップは、左右にドラッグすることでスリップできます。

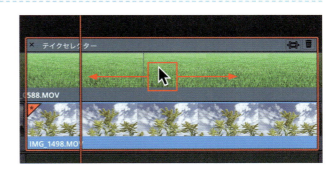

7 候補クリップに合わせてリップルさせるには？

テイクセレクターの元になっているクリップとは長さの異なる候補クリップに合わせてタイムラインをリップルさせるには、テイクセレクターの右上の「ゴミ箱」ボタンの左隣にある「リップルテイク」ボタンをクリックしてオンにしてください。リップルテイクがオンになっていると、選択した候補クリップに合わせてタイムラインがリップルします。

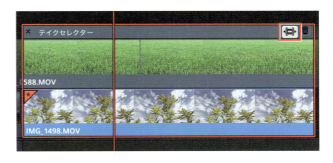

Chapter 3 ｜ 動画の編集作業　　141

8 テイクセレクターを閉じる

テイクセレクターを閉じてタイムラインの他の部分を編集できるようにするには、テイクセレクターの左上にある「×」をクリックしてください。［esc］キーを押しても閉じることができます。閉じる操作をしても、内部の候補クリップはそのまま残っています。

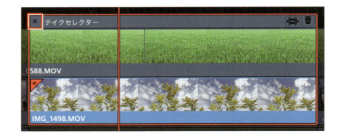

9 テイクセレクターを再度開く

テイクセレクターを閉じたクリップの左下にあるテイクセレクターのアイコンをダブルクリックするとテイクセレクターが再度開きます。最初に開いたときと同様に、右クリックして「テイクセレクター」を選択しても開くことができます。

10 候補クリップを確定させて普通のクリップに戻す

テイクセレクターを閉じた状態にしてクリップを右クリックし、「テイクを決定」を選択してください。
これで通常のクリップに戻ります。

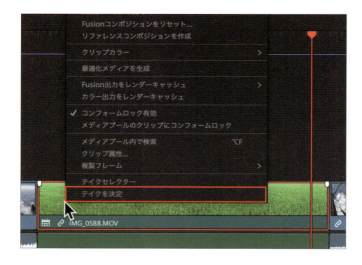

3-6 再生ヘッドの移動の操作

DaVinci Resolveには、状況に合わせてタイムラインの再生ヘッドを手早く正確に移動させるための手段が多く用意されています。たとえば、マウスでクリックやドラッグする以外にも、ジョグコントロールやキーボードの矢印キーを使う方法や、移動させる秒数やフレーム数を直接入力する方法などがあります。ここでは、そのような再生ヘッドを移動させるためのさまざまな方法について解説します。

再生ヘッドの位置の固定と解除

タイムラインにある再生ヘッドは、中央に固定することも、固定された状態を解除することもできます（カットページの場合は下のタイムラインのみ可）。固定と解除を切り替えるには、次のように操作してください。

▶ カットページでの操作

タイムラインの左上にある「タイムラインオプション」の「固定再生ヘッド」を選択してチェックを入れると再生ヘッドが固定されます。

▶ エディットページでの操作

タイムラインの左上にある「タイムライン表示オプション」の「固定再生ヘッド」を選択してチェックを入れると再生ヘッドが固定されます。

Chapter 3 ｜ 動画の編集作業　143

再生ヘッドの移動の操作

目盛をクリックして移動させる

再生ヘッドの位置が固定されていない場合、目盛りのある領域をクリックすることでその位置に再生ヘッドを移動できます。この操作は、カットページの上のタイムラインでも可能です。

再生ヘッドが固定されている場合は、目盛りのある領域を左右にドラッグすることでタイムライン自体をスクロールできます。

再生ヘッドをドラッグして移動させる

再生ヘッドの位置が固定されていない場合、タイムラインの再生ヘッドは任意の部分（再生ヘッドの赤い部分ならどこでもかまいません）を左右にドラッグして移動できます。この操作は、カットページの上のタイムラインでも可能です。

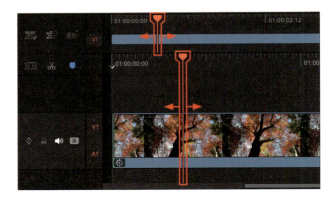

ジョグホイールをドラッグして移動させる

ビューア下部の左寄りにあるジョグホイールを左右にドラッグすることで、再生ヘッドを左右にゆっくりと移動させることができます。1フレーム単位で動かすことも可能です。特に、メディアプール内にあるクリップをビューアで表示させてイン点とアウト点を設定するときなどに使用すると便利です。

矢印キーで移動させる

　左右の矢印キーを押すことで、再生ヘッドを1フレームずつ移動させることができます。[shift]キーを押しながら左右の矢印キーを押すと1秒ずつ移動します。また、上の矢印キーを押すと前の編集点に移動し、下の矢印キーを押すと次の編集点に移動します。

Vキーで一番近い編集点に移動させる

　[V] キーを押すと、現在再生ヘッドのある位置から最も近い編集点に再生ヘッドが移動します。

秒数やフレーム数を入力して移動させる

　カットページではビューアの右下、エディットページではビューアの右上に、現在再生ヘッドのある位置のタイムコードが表示されています。

カットページのタイムコード

エディットページのタイムコード

　カットページまたはエディットページを開いた状態で半角の「+」または「-」で始まる数値を入力すると、その数値は相対タイムコードとして認識され、タイムコードを表示していた領域に表示されます。

用語解説：相対タイムコード
現在再生ヘッドのある位置からの、相対的な位置を示すタイムコード。

キーボードで「+3」を入力したところ

Chapter 3 　動画の編集作業　145

3-6

再生ヘッドの移動の操作

相対タイムコードが入力された状態で[enter]キーを押すと、数値の分だけ「+」の場合はタイムコードが進み、「-」の場合はタイムコードが戻ります。そして、それと同時に再生ヘッドもその位置に移動します。

タイムコードが「+3」され、3フレーム進んだ

DaVinci Resolveでは、このように「+」または「-」で始まる相対タイムコードを入力して[enter]キーを押すことにより、再生ヘッドを正確に移動させることができます。

入力された数値は、1桁ならタイムコードの下1桁、2桁ならタイムコードの下2桁、3桁ならタイムコードの下3桁、というように下の桁からの数値として認識されます。DaVinci Resolveのタイムコードは、時・分・秒・フレーム数が2桁ずつ並んだ「00:00:00:00」という書式になっていますので、2桁までならフレーム数、3桁または4桁なら秒数とフレーム数を指定したことになります。また、特別な書式として「00」をあらわす「.」も使用できます。たとえば、「-1.」は「-100」と同じで再生ヘッドを1秒戻す指定となります。

相対タイムコードの入力例を以下に示しますので参考にしてください。

入力例	入力値の意味
+3	3フレーム進める
+10	10フレーム進める
-20	20フレーム戻す
+112	1秒と12フレーム進める
-300	3秒戻す
+1008	10秒と8フレーム進める
+1.	1秒進める
-10.	10秒戻す
+1..	1分進める

相対タイムコードの入力例

> **補足情報:相対ではないタイムコードも入力できる**
>
> 「+」または「-」で始まらない(相対ではなく絶対的な)タイムコードを入力することもできます。数字で始まるタイムコードを入力するには、その前に「再生」メニューの「移動」から「タイムコード」を選択するか(キーボードショートカットは[=])、タイムコードが表示されている部分をクリックして入力モードに切り替えてください。入力の際は8桁以内の数字だけでよく、コロンの入力は必要ありません。また、8桁よりも少ない数字を入力した場合は、入力した桁数よりも左側の数字はそのまま残ります。

トランジションの適用

タイムライン上のあるクリップから次のクリップへと再生が切り替わる際に、そのまま単純に切り替わるのではなくさまざまな表現方法で切り替わるようにするエフェクトがトランジションです。ここでは、そのトランジションのいくつかの適用方法と、適用するための条件、適用時間の変更方法、フェードインとフェードアウトの適用方法などについて解説します。

トランジションとは？

　タイムライン上で隣接しているクリップとクリップの間に適用する「切り替え効果」のことをトランジションと言います。トランジションを適用していない場合は映像が単純に切り替わるだけですが、たとえば「クロスディゾルブ」というトランジションを適用することで、前のクリップの映像が徐々に消えていくと同時に次のクリップの映像が徐々に現れる、というような効果をつけて画面を切り替えられます。クロスディゾルブは、前のクリップと次のクリップの間で時間が経過したことや場所が変わったことを示すような目的でも使用されます。

前のクリップが徐々に消えつつ次のクリップが徐々に現れるトランジション（クロスディゾルブ）の例

トランジションの適用条件

たとえば2つのビデオクリップの間にクロスディゾルブを適用した場合、その適用範囲では<mark>両方の映像を重なり合わせて同時に表示させています</mark>。重なっている範囲において、先行するクリップのデータは徐々に透明になり、それに続くクリップは透明から不透明になっていきます。つまり、トランジションを適用する範囲には、重なり合わせるためのトリミングされた映像データが存在する必要があるわけです。

たとえば、1秒間のトランジションを適用するためには、先行するクリップの最後に0.5秒以上のトリミングされた映像が必要で、それに続くクリップの先頭には0.5秒以上のトリミングされた映像が必要となります。もしくは、どちらか一方に1秒以上のトリミングされた映像があれば、その重なる範囲には1秒間のトランジションを適用することができます。

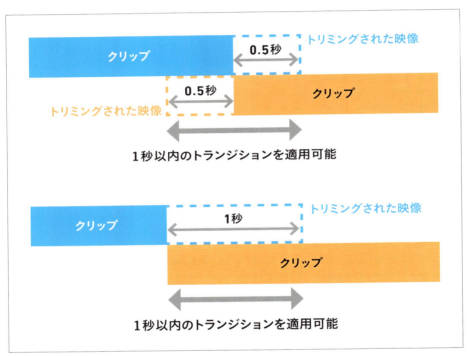

トランジションを適用するには、トリミングされた映像が必要となる

逆に言えば、トランジションを適用したい範囲にこのような<mark>トリミングされた映像がない場合は、トランジションは適用できません</mark>。トランジションを適用しようとしても適用されないときは、前後のクリップに必要な長さのトリミングされた映像があるかどうかを確認してみてください。

> **補足情報：編集点を選択したときの色の意味**
>
> トリミングされている編集点を選択すると、緑の縦線が表示されます。これが赤で表示される場合、その部分はトリミングされていないことを示しています。

トランジションの適用

カットページでは、画面左上の「トランジション」タブをクリックすると、トランジションがカテゴリー分けされた状態で一覧表示されます。

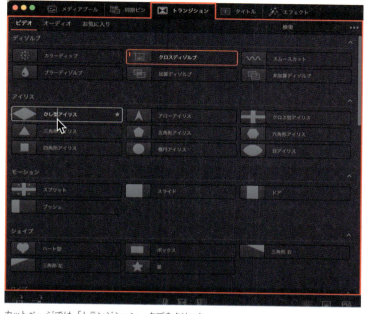

カットページでは「トランジション」タブをクリック

エディットページでは、画面左上の「エフェクト」タブをクリックし、「ツールボックス」の中にある「ビデオトランジション」をクリックすると、トランジションがカテゴリー分けされた状態で一覧表示されます。

エディットページでは「エフェクト」→「ツールボックス」→「ビデオトランジション」をクリック

どちらのページでも、ポインタを各トランジションの上で左から右へと動かすことで、どのようなトランジションなのかをビューアでプレビューできます。トランジションを適用するには、次のいずれかの操作をしてください。

補足情報：ビューアでプレビューできないときは？

トランジションの領域の右上にある「…」をクリックして、「ホバースクラブプレビュー」をチェックしてください。この項目がチェックされていない場合、プレビューは表示されません。

ヒント：トランジションは編集点の左右にも適用できる

一覧表示されているトランジションは、編集点を中心にして適用できるだけでなく、編集点の位置で終了または開始するように（編集点の左側または右側に）適用することもできます。

▶ ダブルクリックで適用

一覧表示されているトランジションをダブルクリックすると、再生ヘッドにもっとも近い編集点にトランジションが適用されます。

▶ ドラッグ＆ドロップで適用

一覧表示されているトランジションは、タイムラインの適用したい箇所にドラッグ＆ドロップして適用できます。

▶ 右クリックして適用

編集点を選択した上で、一覧表示されているトランジションを右クリックして「選択した編集点とクリップに追加」を選択することでトランジションを適用できます。

隣接しているクリップのうち左右一方だけを選択していると、トランジションは編集点のその側に適用されます。両方が選択されている場合は、編集点を中心にして適用されます。

ヒント：編集点の選択の状態はUキーで変更できる

編集点を選択して緑または赤になっている状態で［U］キーを押すと、右側だけが選択された状態、左側だけが選択された状態、両方が選択された状態、と順に切り替わります。

▶ 3つのボタンで適用（カットページ）

カットページでは、適用したいトランジションを選択した上で、一覧表示されているトランジションの下にある3つのボタンのうちどれかをクリックすることで、再生ヘッドにもっとも近い編集点にトランジションを適用できます。

ボタンは左から「クリップの末尾に適用」「編集点に適用」「クリップの先頭に適用」となっており、それぞれ「編集点の左側」「編集点を中心として左右均等」「編集点の右側」に適用します。

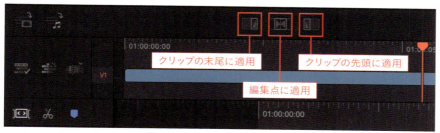

カットページでトランジションを表示させると現れる3つのボタン

トランジションの適用（カットページのボタン）

カットページのメディアプールの右下には「カット」「ディゾルブ」「スムースカット」というトランジション関連の3つのボタンが用意されており、再生ヘッドにもっとも近い編集点に対して簡単にトランジションを適用したり削除できるようになっています。

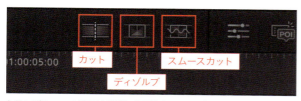

トランジションの適用と削除が可能な3つのボタン

> **補足情報：下のタイムラインに編集点が表示されていないと無効になる**
>
> これらの3つのボタンは、再生ヘッドをきっちりと編集点に合わせていなくても機能しますが、下のタイムラインに編集点が表示されていない状態だと機能しなくなります。

▶ カット

再生ヘッドにもっとも近い編集点に適用されているトランジションを削除します（トランジションを適用しないでカットでつなぐだけの状態にします）。

> **ヒント：deleteキーでも削除できる**
>
> トランジションは、選択すると枠が赤くなります。その状態で［delete］キーを押しても削除できます。複数選択することで、まとめて複数を削除することもできます。

▶ ディゾルブ

再生ヘッドにもっとも近い編集点に1秒のクロスディゾルブを適用します。

▶ スムースカット

再生ヘッドにもっとも近い編集点に1秒のスムースカットを適用します。スムースカットは、類似した前後のクリップをなめらかにつなぐための特殊なトランジションです。たとえば、座ってインタビューを受けている人の「えー」や「あのー」と言っている部分や何も話していない部分をカットした場合の画面の切り替わりを自然に見せたい場合などに使用します。

Chapter 3 ｜ 動画の編集作業　151

スムースカットは、オプティカルフローという高度な技術を用いてモーフィングを行うトランジションです。そのため、前後のクリップが切り替わる部分の背景と被写体に大きな動きや変化がある場合には、逆に不自然になってしまうこともありますので注意してください。

> **ヒント：スムースカットは2〜6フレームの長さが効果的**
> クリップが自然に切り替わるようにするためには、初期値の1秒ではなく、2〜6フレーム程度の短い範囲にだけスムースカットを適用するようにしてください。

標準トランジションの適用

編集点を選択した状態で、「タイムライン」メニューから「トランジションを追加」を選択すると、その位置に標準トランジション（初期状態ではクロスディゾルブ）を適用できます。キーボードショートカットは［command（Ctrl）］＋［T］です。

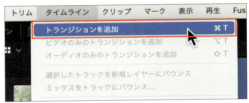

「タイムライン」→「トランジションを追加」で標準トランジションを適用できる

> **ヒント：標準トランジションの長さは変更可能**
> 標準トランジションの長さは初期状態では1秒となっていますが、「DaVinci Resolve」メニューの「環境設定…」で変更可能です。「ユーザー」タブの「編集」を選択し、「標準トランジションの長さ」で設定してください。長さは秒またはフレーム数で入力できます。

> **ヒント：標準トランジションを変更するには？**
> 一覧表示されているトランジションの中から標準トランジションにしたいものを右クリックし、「標準トランジションに設定」を選択してください。標準トランジションに設定されると、名前の左側に赤い縦線のような印が表示されます。

> **補足情報：クリップを選択してもOK**
> 編集点ではなくクリップを選択して［command（Ctrl）］＋［T］を押すと、クリップの両側の編集点よりも内側に標準トランジションが適用されます。クリップは複数選択することもでき、その場合はクリップの境界では編集点を中心に適用され、そうでない場所では編集点よりも内側に適用されます。

また、エディットページでは、編集点を右クリックすることで標準トランジションを4種類の異なる長さで適用できます。選択可能な長さは、1/4秒、1/2秒、1秒、2秒で、タイムラインのフレームレートに合わせたフレーム数で表示されます

編集点を右クリックすると異なる長さで適用できる

トランジションの適用時間の変更

　トランジションの開始位置または終了位置にポインタをのせると、左右に移動可能なことを示す形状に変化します。その状態で横方向にドラッグすることで、トランジションの適用時間を変更できます。ドラッグ中にポインタ付近に表示される上の数字は、元の位置から何フレーム移動させたかを+-で示し、下の数字はトランジションのその時点での長さを示しています。

トランジションの適用時間はドラッグして変更できる

> **補足情報：トリムエディターでも変更できる**
> カットページでは、タイムラインのトランジションを選択するとビューアにトリムエディターが表示されます。エディットページの場合は、トランジションをダブルクリックすることでトリムエディターを表示できます。トランジションが適用されている編集点ではトリムエディターにトランジションも表示されますので、左右の端をドラッグすることでトランジションの長さも変更できます。

> **補足情報：詳細な設定はインスペクタで**
> タイムラインでトランジションを選択し、右上の「インスペクタ」を選択することで、適用時間をはじめとするトランジションの詳細な設定が可能です。

トランジションをお気に入りに追加する

　よく使うトランジションは「標準トランジション」にしておくと便利ですが、「標準トランジション」にできるのは1つだけです。よく使うトランジションが複数ある場合は「お気に入り」に追加しておくことで、探す手間をかけずにすぐに適用できるようになります。トランジションを「お気に入り」に追加するには次のように操作してください。

1　トランジションの一覧を表示させる

カットページの場合は、画面左上の「トランジション」のタブをクリックしてトランジションの一覧を表示させます。エディットページの場合は、画面左上の「エフェクト」タブをクリックし、「ツールボックス」の中にある「ビデオトランジション」をクリックしてください。

3-7 トランジションの適用

2 名前の右横にある☆をクリックする

「お気に入り」に追加したいトランジションの上にポインタをのせると、名前の右側にグレーの星印（☆）が表示されます。それをクリックすると色が白くなり、「お気に入り」に追加されます。

> **補足情報：右クリックでも追加できる**
> トランジションを右クリックして「お気に入りに追加」を選択しても、お気に入りに追加できます。

3 お気に入りを開く

カットページの場合は、一覧の上部にある「お気に入り」のタブをクリックしてください。エディットページの場合は、一覧の左下にある「お気に入り」をクリックして選択します。画面が切り替わって、お気に入りに追加されているトランジションだけが一覧表示されます。

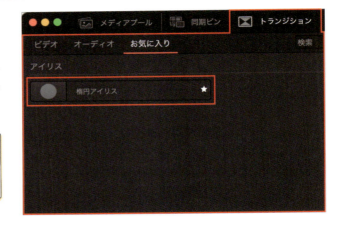

> **ヒント：お気に入りから削除するには？**
> 白くなった星印をもう一度クリックすると色がグレーに変わり、お気に入りから削除されます。

フェードインとフェードアウトの適用

　フェードインまたはフェードアウトを適用するには、エディットページまたはFairlightページ（オーディオトラックのみ）で利用可能なフェーダーハンドルを使用します。フェーダーハンドルを使用することで、映像だけでなく音声やテロップなどのクリップでも同じ操作で簡単にフェードイン・フェードアウトさせられます。

1 クリップの上にポインタをのせる

エディットページでタイムライン上のクリップにポインタをのせると、クリップの左上と右上に白いフェーダーハンドルが表示されます。

> **ヒント：フェーダーハンドルが表示されないときは？**
> トラックの高さが最低限に近い状態になっていると、フェーダーハンドルは表示されません。高さを一定以上にすることによって、フェーダーハンドルが表示されるようになります。トラックの高さを変更するには、トラックの上にポインタを置き、［shift］キーを押しながらスクロールの操作を行ってください。もしくは、トラックヘッダーのビデオトラックの最上部（上にトラックがある場合はその境界）付近をドラッグすることでも高さを変更できます。

2 フェーダーハンドルを横にドラッグする

フェードさせたい側のフェーダーハンドルの上にポインタをのせると、ポインタが「◁ ▷」の形状に変わります。その状態でフェーダーハンドルをクリップの中央側に向けて横にドラッグすると、その範囲にフェードが適用されます。ドラッグ中は「+02:00（2秒と0フレーム）」のようにどれだけフェードさせているのかが表示され、フェードが適用された範囲は斜めに黒っぽい色に変化します。

3-7 トランジションの適用

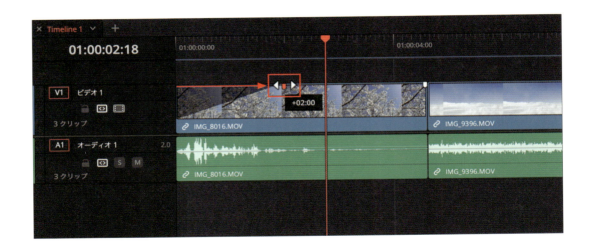

> **補足情報：フェードインは黒から、フェードアウトは黒へと変化する**
>
> フェードインは透明から徐々に見えるようになる機能で、フェードアウトは徐々に透明になる機能です。しかし実際にそれらを適用して再生してみると、フェードインは黒から変化し、フェードアウトは黒へと変化します。これはタイムラインの何もない部分は黒で表示されるようになっているためです。

> **ヒント：黒以外の色でフェードイン・フェードアウトさせたいときは？**
>
> たとえば白にフェードアウトさせたい場合など、黒以外の色にしたい場合は「エフェクト」の「ジェネレーター」の中にある「単色」のクリップを使用します（色はインスペクタで自由に変更できます）。フェードアウトさせたいクリップの上のトラックに「単色」を配置し、それをフェードインさせると映像が徐々にその色に変化します。「単色」についての詳細は「7-2 特別なクリップ」の「単色（p.294）」を参照してください。

> **補足情報：フェードはメニューからも適用できる**
>
> 「トリム」メニューには「再生ヘッドまでフェードイン」と「再生ヘッドからフェードアウト」があります。キーボードショートカットは [shift] + [option (Alt)] + [D] と [shift] + [option (Alt)] + [G] です。

3-8 クリップツールの使い方

カットページには「クリップツール」、エディットページには「ビューアオーバーレイ」という一部の機能が重複した同様のツール群が用意されています。ここでは、それらの主な機能と違いを紹介した上で、カットページの「クリップツール」の使い方を説明していきます。

クリップツールとビューアオーバーレイ

カットページとエディットページのビューア（タイムラインビューア）下部の一番左には、一部重複した機能を持つツール群が用意されています。それがカットページの「クリップツール」とエディットページの「ビューアオーバーレイ」です。

カットページの「クリップツール」

エディットページの「ビューアオーバーレイ」

エディットページの「ビューアオーバーレイ」は、その名のとおりビューアの上にさまざまなツールを重ねて表示させ、それを操作することで大きさや位置などを調整したり、視覚効果を適用することなどができるツールです。後述するインスペクタで数値を変えて調整するのではなく、ビューア上で直接映像やテキストをドラッグするなどして調整できるのが特徴です。

それに対してカットページの「クリップツール」は、ビューア上で調整する機能に加えて、速度の変更や手ぶれ補正、色の調整、音量の調整などの機能も加えたものです。これによって、カットページから他のページに移動しなくても、ある程度のことはカットページだけでできるようになっています。

	クリップツール	ビューアオーバーレイ
使用可能なページ	カットページ	エディットページ
搭載されている機能	変形	変形
	クロップ	クロップ
	ダイナミックズーム	ダイナミックズーム
	合成	OpenFXオーバーレイ
	速度	Fusionオーバーレイ
	スタビライズ	注釈
	レンズ補正（有料版）	
	カラー	
	オーディオ	
	エフェクトオーバーレイ （OpenFXオーバーレイとFusionオーバーレイ）	

クリップツールとビューアオーバーレイで使える機能の比較。重複している機能は赤で示した

クリップツールとインスペクタ

クリップツールでできることの多くは、後述するインスペクタでも設定可能です。インスペクタは画面上の領域が広く確保されているため設定可能な項目数が多く、各項目にはテキストのラベルも付けられているため迷うことなく操作できます（クリップツールの機能はアイコンのみの表示となっています）。また、クリップツールとビューアオーバーレイはタイムラインのクリップにしか適用できませんが、インスペクタはタイムラインのクリップのほかにメディアプール内のクリップにも適用可能です。

しかし、インスペクタはクリップツールのようにビューア上で直感的に操作することはできません。値やモードの細かな調整をするならインスペクタ、ビューア上で直感的にもしくは簡易的に調整したいならクリップツール、といったように使い分けるとよいでしょう。

カットページのクリップツールとインスペクタ

クリップツールを表示させる

　ビューアの左下にある「ツール」アイコンをクリックすると、映像の下にクリップツールが表示されます。クリップツールの上段にあるのはツールを選択するためのアイコンで、下段には選択したツールで調整可能な項目が表示されます。

「ツール」アイコンをクリックするとクリップツールが表示される

> **ヒント：タイムラインのクリップが選択されていない場合**
> タイムラインのクリップが選択されている場合は、クリップツールを使った操作はそのクリップに対して適用されます。クリップが選択されていない場合は、再生ヘッドのある位置のクリップのうち、一番上のトラックのクリップに適用されます。

Chapter 3 ｜ 動画の編集作業　　159

変形（拡大縮小・移動・回転・反転）

変形は、タイムライン上で選択したクリップを拡大縮小・移動・回転・反転させるツールです。

クリップツールの「変形」アイコンをクリックすると、その下に次のような10種類の設定項目が表示されます。これらの項目の多くは、ビューア上に表示される白丸やクリップ自体（枠の内側）をドラッグすることでも同じ結果が得られます。

クリップツールの「変形」で設定可能な項目

> **補足情報：「変形」の白丸の操作**
>
> ビューア上の枠線の角の白丸をドラッグすると、縦横の比率を保った状態で拡大縮小ができます。各辺の中央にある白丸を辺と垂直の方向にドラッグすると、その方向にのみ拡大縮小が行われ、縦横の比率が変わります。クリップの中央から白い線でつながっている白丸をドラッグすると、クリップが回転します。この回転の中心となっている白丸は、ドラッグして移動できます。クリップを囲っている白い線や枠内の何もないところをドラッグすると、クリップが移動します。

❶ ズームの幅

クリップの映像の幅を拡大または縮小します。このとき、❷のズームリンクがオンになっていると高さも連動して（縦横の比率を維持するように）変化します。

❷ ズームリンク

アイコンが白くなっているときは、ズームの幅または高さを変更する際に縦横の比率を維持し

ます（幅と高さが連動して変化します）。グレーになっているときは縦横の比率を維持せず、一方向にのみ変化します。

❸ ズームの高さ

クリップの映像の高さを拡大または縮小します。このとき、❷のズームリンクがオンになっていると幅も連動して（縦横の比率を維持するように）変化します。

❹ X位置

クリップを横方向に移動します。

❺ Y位置

クリップを縦方向に移動します。

❻ 回転の角度

クリップの映像を回転します。ビューア上で回転の中心となっている白丸は、ドラッグすることで移動できます。

❼ ピッチ

3Dで上側または下側が遠くにあるような形状に変形（X軸で回転）します。

❽ ヨー

3Dで右側または左側が遠くにあるような形状に変形（Y軸で回転）します。

❾ 横フリップ

クリップを左右に反転します。

❿ 縦フリップ

クリップを上下に反転します。

クロップ（切り抜き）

　クロップは、タイムライン上で選択したクリップの映像を切り抜くためのツールです。
　クリップツールの「クロップ」アイコンをクリックすると、その下に次の5種類の設定項目が表示されます。これらのうち最初の4項目は、ビューア上に表示される白丸や枠の内側をドラッグすることでも同じ結果が得られます。

> **用語解説：クロップ**
>
> 写真におけるトリミングと同じ意味です。動画編集において「トリミング」は、たとえば10秒の映像の前後を2秒ずつを取り去るような時間的に短くする作業のことを指します。それと明確に区別するために、映像の見える範囲を狭くする作業のことを「クロップ」と呼んでいます。

3-8 クリップツールの使い方

クリップツールの「クロップ」で設定可能な項目

> **補足情報:「クロップ」の白丸の操作**
>
> クリップの角の白丸をドラッグすると、縦横の比率に関係なく自由な方向に移動してクロップできます。各辺の中央の白丸は、辺に対して垂直の方向にのみ移動させることができます。クリップを囲っている白い枠線や枠内の何もないところをドラッグすることで、枠の形状を保ったまま枠全体を移動させることができます。

❶ 左をクロップ
白い枠の左の辺を左右に移動させて、クリップの見える範囲を変更します。

❷ 右をクロップ
白い枠の右の辺を左右に移動させて、クリップの見える範囲を変更します。

❸ 上をクロップ
白い枠の上の辺を上下に移動させて、クリップの見える範囲を変更します。

❹ 下をクロップ
白い枠の下の辺を上下に移動させて、クリップの見える範囲を変更します。

❺ ソフトネス
クリップの見えている範囲の周囲をぼかします。値をプラスにすると、枠の外側をぼかした状態になります。値をマイナスにすると、枠の内側をぼかした状態になります。

ダイナミックズーム(ズームイン・ズームアウト)

ダイナミックズームは、三脚などでカメラを固定して撮影した映像であっても、ズームインさせたり、逆にズームアウトさせることのできる機能です。この機能は、具体的には映像を徐々に拡大させたり、逆に拡大した状態から徐々に元に戻すことで実現されます。また、拡大した状態から、それとは別の拡大した状態へと変化させることで、カメラを徐々に移動させながら撮影したように見せることも可能です。

ダイナミックズームのビューア上での指定方法は簡単です。映像全体の中の、最初に見せる領域を緑の四角い枠で指定し、最後に見せる領域を赤い枠で指定するだけです。映像を再生すると、緑の枠内の映像から赤い枠内の映像へと徐々に変化していきます。

この機能の初期状態では、ビューアの映像全体が赤い枠で囲われた状態になっており、それよりも内側に少し小さな緑色の枠が表示されています。これは、最初に緑の枠内を拡大して表示し、その状態から徐々に元に戻すということですので、初期状態ではズームアウトします。この後に説明する「反転」アイコンをクリックすることで、枠の色を入れ替えてズームインするように変更することもできます。

この機能を使う上で注意すべき点は、この機能を使うと映像が必ず拡大されるという点です。もともと解像度が高くない映像を拡大した場合や、解像度が高い映像でも拡大しすぎた場合などには映像が荒いものとなってしまいますので注意してください。

▶ 緑と赤の枠の操作方法

枠の大きさを変更するには枠の角の○をドラッグしてください。枠の大きさを変えることなく移動させるには、移動させる枠の角の○をクリックして大きくした状態で、枠の内部をドラッグしてください。これらの操作を行うと、ダイナミックズームは自動的に有効になります。

> **ヒント:枠をまっすぐに移動させるときはShiftキー**
>
> 緑または赤い枠をドラッグして移動させるときに[shift]キーを押していると、垂直または水平方向にしか動かなくなります。

ダイナミックズームでは、次の8つの項目が表示され操作できます。これらのボタンは、❹の「反転」を境界に❶〜❸の枠のプリセットと❺〜❽のイーズボタンの3つに分類できます。

> **用語解説:イーズ、イージング**
>
> 映像に動きを与える場合、最初から最後まで一定の速度で動かす方が自然に見えるものもあれば、ゆっくりと動きだして徐々に速くなる方が自然に見えるものもあります。このように、あるものの動きに対する速度変化の調整を行うことを「イーズ」または「イージング」と言います。

3-8 クリップツールの使い方

クリップツールの「ダイナミックズーム」で設定可能な項目

❶ ズームプリセット
緑と赤の枠を、ズームアウトするプリセットの枠に変更します。

❷ パンプリセット
緑と赤の枠を、右から左へパンをするプリセットの枠に変更します。

❸ 角度プリセット
緑と赤の枠を、右上から左下へと移動するプリセットの枠に変更します。

❹ 反転
緑と赤の枠の色を入れ替えます。

❺ リニア
映像の動く速度を一定にします。

❻ イーズイン
映像がゆっくり動き出してその後少し速くなるようにします。

❼ イーズイン&アウト
映像がゆっくり動き出して少し速くなり、最後の方でまたゆっくりになるようにします。

❽ イーズアウト
最後の方で映像の動きがゆっくりになるようにします。

合成（合成モードと透明度）

　　合成は、タイムライン上で選択したクリップを、その下のビデオトラックのクリップとどのように合成するかを設定するツールです。下にビデオトラックがない場合は黒と合成されます。
　このエフェクトで設定可能な項目は「合成モード」と「不透明度」だけです。

クリップツールの「合成」で設定可能な項目

▶ 合成モード

黒のピクセルを0、白のピクセルを1、その間の階調の色は小数の値として行う演算の種類をメニューで選択して指定します。選択した演算の種類（合成モード）によって、映像の一部を透明にすることなどができます。

> **ヒント：白または黒の部分を透明にしたいときは？**
>
> 上のビデオトラックの白い部分を透明にしたい場合は、そのクリップを選択し「合成モード」のメニューから「乗算」を選択してください。黒い部分を透明にしたい場合は「スクリーン」を選択します。

▶ 不透明度

選択したクリップの不透明度をスライダーで設定できます。

速度（再生速度の変更）

速度は、タイムライン上で選択したクリップの再生速度を変更するためのツールです。

クリップツールの「速度」アイコンをクリックすると、その下に次の5つの項目が表示されます。これらのうち「長さ」はクリップの長さがどう変化するのかを確認するためのもので、値は変更できません。

クリップツールの「速度」で設定可能な項目

ヒント：再生速度を変えても音の高さは変化しない

再生速度の変更は映像と音声の両方に適用されます。しかし、クリップツールの「速度」で速度を変えた場合は、音の高さ（ピッチ）は自動的に補正されるため変化しません。音の高さを自分で調整したい場合は、インスペクタの「オーディオ」→「ピッチ」を使用してください。

用語解説：速度変更点

クリップの再生速度を変える場合、そのままだとクリップ全体が同じ速度に変更されます。しかし、クリップの途中に速度変更点を追加すると、その位置を境界にして前後で異なる速度に設定できるようになります。速度変更点は、1つのクリップにいくつでも追加できます。

▶ 速度

ビューアに表示されているクリップの再生速度を変更します。元の速さが「100.00」で、倍速なら「200.00」、半分の速度なら「50.00」のように値を変更します。「-100.00」のようにマイナスの値を指定すると、逆再生になります。速度変更点を追加している場合は、再生ヘッドのある区間の速度だけが変更されます。

▶ 長さ

クリップの長さを「時：分：秒：フレーム数（2桁ずつ）」で表示します。表示するだけで値を変更することはできません。

▶ Previous Speed Point（前の速度変更点）

再生ヘッドを前の速度変更点に移動させます。

▶ Add Speed Point（速度変更点を追加）

再生ヘッドの位置に速度変更点を追加します。追加した速度変更点は、下のタイムラインでのみ表示されます。

▶ Next Speed Point（次の速度変更点）

再生ヘッドを次の速度変更点に移動させます。

スタビライズ（手ぶれ補正）

　スタビライズは、タイムライン上の選択したクリップの手ぶれ補正を行うためのツールです。
　クリップツールの「スタビライズ」アイコンをクリックすると、次の2つの項目が表示されます。

> **用語解説：スタビライズ**
> ジンバルのような手ブレを抑えるハードウェアのことをスタビライザーと言いますが、ここで言うスタビライズとは撮影済みの動画の手ぶれ補正を行う動画編集ソフトの機能のことを指しています。

> **ヒント：手ぶれ補正の効果は映像によって大きく異なる**
> スタビライズを適用した結果どのようになるかは映像によって違ってきます。映像に対して適切なオプションが選択されていない場合、逆に不自然な映像になってしまうこともありますので注意してください。

「スタビライズ」で設定可能な項目

❶ スタビライズの方法

この項目はメニューになっており、「遠近」「遠近なし」「縦横のみ」の中から1つを選択できます。スタビライズを適用した後にこの項目を変更した場合、スタビライズの再適用が必要となります。

- 遠近　　：遠近・パン・ティルト・ズーム・回転の分析を行って手ぶれを補正します。
- 遠近なし：パン・ティルト・ズーム・回転の分析を行って手ぶれを補正します。
- 縦横のみ：パンとティルトの分析のみを行って手ぶれを補正します。

> **用語解説：ティルト**
>
> カメラの位置は動かさずに、カメラを横方向に回転させるように動かしながら撮影することをパンと言いますが、縦方向に回転させるように動かしながら撮影することをティルトと言います。

❷ 「スタビライズ」ボタン

スタビライズを適用します。

> **ヒント：インスペクタではさらに細かく調整が可能**
>
> インスペクタの「スタビライゼーション」では、さらに細かい設定ができます。カメラを固定して撮影したように見せたい場合などには、インスペクタの「スタビライゼーション」を使用するとさらに良い結果が得られる可能性があります。

> **ヒント：スタビライズの再適用が必要なケース**
>
> スタビライザーを適用したあとからトリミングを調整してクリップを長くした場合、長くした部分の映像だけが縮小された状態になります（実際は長くした部分以外が拡大されています）。スタビライザーを適用したあとにトランジションを適用した場合も、クリップのトリミングされていた部分を追加して使うようになるため同様にトランジション中に映像の大きさが変わります。このような場合には、スタビライザーを再適用することで一定の大きさで表示されるようになります。

カラー（色補正）

　自動カラーは、再生ヘッドの位置にあるフレームを基準にしてクリップの色を自動補正するツールです。

　クリップツールの「カラー」アイコンをクリックすると、その下にさらに次のような「自動カラー」ボタンが表示され、それをクリックすると色の自動補正（自動カラーコレクション）が行われます。

このボタンをクリックすると色の自動補正が行われる

オーディオ（音量の調整）

　オーディオは、タイムライン上で選択したクリップのボリューム（音量）を調整するためのツールです。

　クリップツールの「オーディオ」アイコンをクリックすると次のようなスライダーが表示され、ビューアに表示されているクリップのボリュームを調整することができます。

クリップツールの「オーディオ」ではボリュームが設定できるのみ

エフェクトオーバーレイ（OpenFXとFusion）

エフェクトオーバーレイは、ビューアにエフェクトやFusionタイトルなどのオンスクリーンコントロールを表示させ、それらを使用できるようにするツールです。

クリップツールの「エフェクトオーバーレイ」アイコンをクリックすると、次の2つの項目が表示されます。

クリップツールの「エフェクトオーバーレイ」で選択可能な項目

▶ OpenFXオーバーレイ

クリップに適用されているOpen FXのオンスクリーンコントロールがあれば表示させ、ビューア上で調整できるようにします。

▶ Fusionオーバーレイ

クリップに適用されているFusionエフェクトやFusionタイトルのオンスクリーンコントロールを表示させ、ビューア上で調整できるようにします。ビューア上でテキスト+のカーニングを行うこともできます（詳細は「Chapter 4　テキストに関連する作業」の「Fusionオーバーレイによるカーニング1（p.229）」および「Fusionオーバーレイによるカーニング2（p.230）」を参照してください）。

ビューアオーバーレイの使い方

エディットページには、カットページの「クリップツール」というツール群と一部の機能が重複した「ビューアオーバーレイ」というオンスクリーンコントロールが用意されています。ここでは、その「ビューアオーバーレイ」の各機能と使い方について説明していきます。

ビューアオーバーレイについて

ビューアオーバーレイはエディットページに搭載されている機能で、カットページの「クリップツール」と同様にビューア下部の一番左にあるアイコンで表示させます。

「変形」「クロップ」「ダイナミックズーム」「OpenFXオーバーレイ」「Fusionオーバーレイ」「注釈」という6種類のオンスクリーンコントロールが用意されており、ビューア上で大きさや位置などを調整したり、視覚効果を適用することなどができます。この6種類の機能のうち、「注釈」以外はすべてカットページの「クリップツール」にも含まれています。

エディットページの「ビューアオーバーレイ」

ビューアオーバーレイを表示させる

ビューアオーバーレイの表示・非表示は、ビューア下部の一番左にあるアイコンで切り替えます。クリックして白くすると表示され、再度クリックしてグレーにすると非表示となります。ビューアオーバーレイのどのオンスクリーンコントロールを表示させるかは、一番左のアイコンの右隣にある▽をクリックして表示されるメニューで選択します。一番左のアイコンは、このメニューで現在何が選択されているのかをあらわしています（メニューで選択したオンスクリーンコントロールに応じてアイコンは切り替わります）。

表示・非表示を切り替えるアイコンとオンスクリーンコントロールを選択するメニュー

また、ビューアオーバーレイは「表示」メニューの「ビューアオーバーレイ」から制御することもできます。

「表示」メニューの「ビューアオーバーレイ」を開いたところ

> **ヒント：タイムラインのクリップが選択されていない場合**
>
> タイムラインのクリップが選択されている場合は、ビューアオーバーレイを使った操作はそのクリップに対して適用されます。クリップが選択されていない場合は、再生ヘッドのある位置のクリップのうち、一番上のトラックのクリップに適用されます。

ビューアオーバーレイのメニューで選択可能な6種類の機能の概要は、次のとおりです。

▶ 変形
クリップを拡大縮小・移動・回転させることができます。

▶ クロップ
クリップの表示範囲を上下左右から狭くして、切り抜いたように見せることができます。

▶ ダイナミックズーム
クリップ全体をズームインまたはズームアウトさせたり、カメラを縦や横にスライドさせながら撮影したように見せることができます。

▶ OpenFXオーバーレイ
クリップに適用されているOpen FXのオンスクリーンコントロールを表示させ、ビューア上で調整できるようにします

▶ Fusionオーバーレイ
クリップに適用されているFusionエフェクトやFusionタイトルのオンスクリーンコントロールを表示させ、ビューア上で調整できるようにします。

▶ 注釈
再生ヘッドのあるフレームの映像上に線や矢印を配置したり、特定の部分を四角形で囲ったり、フリーハンドで線を描き込めるツールです。色も7色から選択できます。修正が必要な箇所をメモする際などに使用します。

> **ヒント：細かい指定はインスペクタで**
>
> ビューアオーバーレイのオンスクリーンコントロールでできることは限られています。たとえば「変形」のオンスクリーンコントロールでは「反転」はできません。オンスクリーンでできないことの多くは、インスペクタの「変形」で指定可能となっていますので、併用することで細かい指定が可能となります。インスペクタについての詳細は、次の「3-10 インスペクタの使い方（p.180）」を参照してください。

変形（拡大縮小・移動・回転）

変形は、タイムライン上で選択したクリップを拡大縮小・移動・回転させるツールです。

ビューア上の枠線の角の白丸をドラッグすると、縦横の比率を保った状態で拡大縮小ができます。各辺の中央にある白丸を辺と垂直の方向にドラッグすると、その方向にのみ拡大縮小が行われ、縦横の比率が変わります。クリップの中央から白い線でつながっている白丸をドラッグすると、クリップが回転します。この回転の中心となっている白丸は、ドラッグして移動できます。クリップを囲っている白い線や枠内の何もないところをドラッグすると、クリップが移動します。

ビューアオーバーレイの「変形」のオンスクリーンコントロール

クロップ（切り抜き）

クロップは、タイムライン上で選択したクリップの映像を切り抜くためのツールです。

クリップの角の白丸をドラッグすると、縦横の比率に関係なく自由な方向に移動してクロップできます。各辺の中央の白丸は、辺に対して垂直の方向にのみ移動させることができます。クリップを囲っている白い枠線や枠内の何もないところをドラッグすることで、枠の形状を保ったまま枠全体を移動させることができます。

ビューアオーバーレイの「クロップ」のオンスクリーンコントロール

ダイナミックズーム（ズームイン・ズームアウト）

　ダイナミックズームは、三脚などでカメラを固定して撮影した映像であっても、ズームインさせたり、逆にズームアウトさせることのできる機能です。この機能は、具体的には映像を徐々に拡大させたり、逆に拡大した状態から徐々に元に戻すことで実現されます。また、拡大した状態から、それとは別の拡大した状態へと変化させることで、カメラを徐々に移動させながら撮影したように見せることも可能です。

　ダイナミックズームのビューア上での指定方法は簡単です。映像全体の中の、最初に見せる領域を緑の四角い枠で指定し、最後に見せる領域を赤い枠で指定するだけです。映像を再生すると、緑の枠内の映像から赤い枠内の映像へと徐々に変化していきます。

　この機能の初期状態では、ビューアの映像全体が赤い枠で囲われた状態になっており、それよりも内側に少し小さな緑色の枠が表示されています。これは、最初に緑の枠内を拡大して表示し、その状態から徐々に元に戻すということですので、初期状態ではズームアウトします。

　枠の大きさを変更するには枠の角の○をドラッグしてください。枠の大きさを変えることなく移動させるには、移動させる枠の角の○をクリックして大きくした状態で、枠の内部をドラッグしてください。

> **ヒント：枠をまっすぐに移動させるときはShiftキー**
> 緑または赤い枠をドラッグして移動させるときに［shift］キーを押していると、垂直または水平方向にしか動かなくなります。

ビューアオーバーレイの「ダイナミックズーム」のオンスクリーンコントロール

OpenFXオーバーレイ

　OpenFXオーバーレイは、クリップに適用されているOpen FXのオンスクリーンコントロールがあればビューアに表示させ、ビューア上で調整できるようにします。具体的な操作方法は、適用しているOpen FXによって異なります。

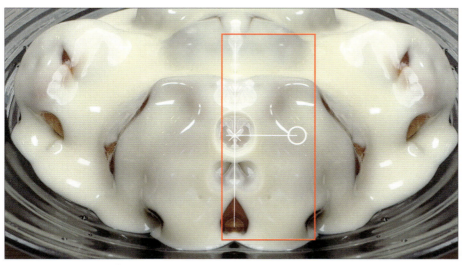

ビューアオーバーレイの「OpenFXオーバーレイ」のオンスクリーンコントロール

Fusionオーバーレイ

　Fusionオーバーレイは、クリップに適用されているFusionエフェクトやFusionタイトルのオンスクリーンコントロールをビューアに表示させ、ビューア上で調整できるようにします。具体的な操作方法は、適用しているFusionの機能によって異なります。

ビューアオーバーレイの「Fusionオーバーレイ」のオンスクリーンコントロール

注釈

　注釈は、「3-11 マーカーの使い方（p.190）」で詳しく解説するマーカーに付随するツールです。マーカーとは、簡単に言えばタイムラインやクリップ内の特定のフレームに付けておける目印のようなものです。マーカーには名前やメモを書き込んでおくことができ、マーカーの色も指定できます。

　ビューアオーバーレイの注釈は、主にそのマーカーのメモなどの内容を補うかたちで、映像上に線や矢印を追加したり、特定の部分を四角形で囲ったり、フリーハンドで線を描き込むためのツールです。修正が必要な箇所を指示またはメモする際などに使用すると便利です。
　注釈の情報は、すでにマーカーがあるフレームに対して追加した場合は、そのマーカーに付随する情報として加えられます。マーカーがないフレームに再生ヘッドを置いて注釈を追加すると、そのフレームに新しいマーカーが配置されます。

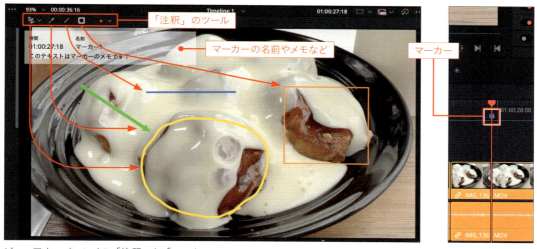

ビューアオーバーレイの「注釈」と「マーカー」

「注釈」のツールには、次の5つの機能があります。ビューア上に配置した線や矢印は、ドラッグ＆ドロップの操作で移動させることができます。また、それらをクリックして選択することで、色を変更したり、［delete］キーまたは［backspace］キーを押して削除することもできます。

「注釈」のツール

- ▶ **描画ツール**
  ビューア上にフリーハンドで線を描き込むためのツールです。「∨」をクリックすることで、線の太さを3種類から選択できます。

- ▶ **矢印ツール**
  ドラッグ＆ドロップの操作でビューア上に矢印を配置するためのツールです。

- ▶ **線ツール**
  ドラッグ＆ドロップの操作でビューア上に直線を配置するためのツールです。

- ▶ **四角形ツール**
  ドラッグ＆ドロップの操作でビューア上に四角形を配置するためのツールです。

- ▶ **色の選択**
  現在選択されている色を表示しています。「∨」をクリックすることで、線の色を7種類から選択できます。

3-10 インスペクタの使い方

クリップツールやビューアオーバーレイで可能な機能の多くは、インスペクタを併用することでさらに細かく調整できます。しかも、インスペクタにはクリップツールやビューアオーバーレイにはない機能がいくつも搭載されています。また、クリップツールとビューアオーバーレイはオンスクリーンコントロールでの操作が中心であるのに対し、インスペクタでは多くの項目を数値で指定します。

インスペクタについて

インスペクタは、カットページやエディットページの右側に表示できるクリップの各種機能に対する詳細な設定値変更機能です。クリップツールやビューアオーバーレイはタイムラインに配置されているクリップだけを操作対象としているのに対し、インスペクタは==タイムラインとメディアプールの両方のクリップの設定値==を変更できます。

クリップツールやビューアオーバーレイと比較すると、インスペクタの方が設定可能な項目数は圧倒的に多いのですが、その大部分は数値で指定する必要があります。ビューア上にオンスクリーンコントロールを表示させて操作することはできませんので、ダイナミックズームのような一部の機能に関しては、少なくとも最初の設定についてはクリップツールまたはビューアオーバーレイルを使って行う必要があります。

また、インスペクタにある多くの項目は個別にリセット可能となっており、さらにキーフレームも指定できるようになっています（キーフレームについての詳細はChapter 7の「キーフレームでインスペクタの値を変化させる(p.333)」を参照してください）。

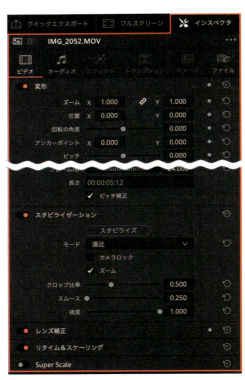

インスペクタは画面の右側に表示される

> **ヒント：ビューアのオンスクリーンコントロールとインスペクタは同時に使える！**
>
> 重複している項目に関しては、オンスクリーンコントロールとインスペクタは連動して動作します。そのため、オンスクリーンコントロールの枠などをインスペクタの数値を変えて操作することもできますし、ビューア上の枠を動かすことでインスペクタの値を変えることもできます。

> **補足情報：インスペクタの項目はカットページとエディットページで一部異なる**
>
> カットページとエディットページのインスペクタは一見同じもののように見えますが、細部まで見ていくと両者には部分的な違いがあります。操作中のインスペクタの画面が本書に掲載したものと異なっている場合は、もう一方のインスペクタを確認してみてください。

インスペクタを表示させる

　インスペクタを表示させるには、画面右上にある「インスペクタ」タブをクリックしてください。もう一度クリックすると「インスペクタ」は消えます。

画面右上の「インスペクタ」タブをクリックするとインスペクタが表示される

> **補足情報：「ワークスペース」メニューからも切り替え可能**
>
> 「ワークスペース」→「ワークスペースでパネルを表示」の中にある「インスペクタ」を選択しても、表示・非表示が切り替えられます。

　インスペクタで設定可能な項目は大きく6種類に分けられており、それぞれの画面は上部のタブをクリックすることで表示できます。これらの項目は常にすべてが使用できるわけではなく、「エフェクト」や「トランジション」を適用することで設定可能になる項目もあります。ここでは一般的なクリップで使用可能な「ビデオ」「オーディオ」「ファイル」の主な項目について解説します。

6つのタブで画面を切り替えて使用する

▶ ビデオ

「変形」「クロップ」「ダイナミックズーム」「合成」「速度変更」「スタビライゼーション」などの適用・設定ができます。

▶ オーディオ

「ボリューム」「パン」「Dialogue Leveler（人の声の音量を自動で均一化する機能）」「ピッチ」「EQ（イコライザー）」などの適用・設定ができます。

▶ エフェクト

タイムラインで適用したエフェクトに関する設定ができます。

▶ トランジション

タイムラインで適用したトランジションを映像と音声に分けて設定できます。

▶ イメージ

RAW形式のビデオクリップの設定・調整ができます。

▶ ファイル

クリップの「クリップ名」「ファイル名」「コーデック」「フレームレート」「解像度」「クリップカラー」「Audio Configuration」などが確認・設定できます。

3-10 インスペクタの共通操作

インスペクタの個別の使い方について説明する前に、各項目で共通している操作方法について説明しておきます。

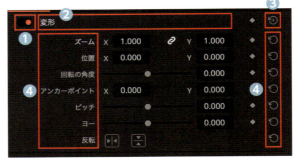

インスペクタの各項目で共通している操作

❶ 有効／無効

インスペクタの各種項目は、項目名の左に表示されている赤いスイッチのようなものをクリックすることで有効／無効を切り替えられます。有効のときは色が赤くなり、無効のときはグレーになります。

❷ 開く／閉じる

インスペクタの各種項目は、項目の名前をクリックすることで設定内容を表示させたり、非表示にすることができます。たとえば「変形」なら、「変形」と書かれた部分をクリックすることで設定内容を開いたり閉じたりすることができます。

❸ リセット（項目全体）

項目名の右端に表示されているアイコンをクリックすると、その項目全体がリセットされます。たとえば「変形」なら、「変形」内のすべての行の設定値が初期状態に戻ります。

❹ リセット（項目内の行ごと）

インスペクタの項目を開いた状態のときに、各行の右端にあるアイコンをクリックすると、その行の設定値だけをリセットできます。同様に、各行の左端にある設定値の名称部分をダブルクリックしても、その行だけをリセットできます。
たとえば「変形」の「ズーム」なら、「位置」や「回転の角度」の値は変更せずに「ズーム」のXとYの値だけが初期状態に戻ります。

> **ヒント：インスペクタの数値の入力方法**
>
> 数値は左右にドラッグして値を変えられるほか、ダブルクリックすることでキーボード入力が可能となります。

> **ヒント：数値を矢印キーで変更する方法**
>
> 数値をダブルクリックした直後は数値全体が選択された状態になっており、上下の矢印キーで値を増減できます。このとき、左右の矢印キーを押すことで増減させる桁を変更することが可能です。

> **補足情報：リセットアイコンの左にある◇は何？**
>
> キーフレームを追加するときに使用します。詳しくはChapter 7の「キーフレームでインスペクタの値を変化させる（p.333）」を参照してください。

変形（拡大縮小・移動・回転・反転）

「変形」では、選択中のクリップを拡大縮小・移動・回転・反転させることができます。

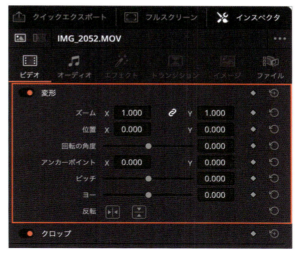

「変形」のインスペクタで設定可能な項目

▶ ズーム
「X」はクリップの映像の幅を、「Y」はクリップの映像の高さを拡大または縮小します。このとき、XとYの間にあるリンクアイコンが白くなっている状態だと縦横の比率を維持したまま拡大縮小されます。このアイコンがグレーになっているときは縦横の比率を維持せず、幅または高さの一方のみ変化します。

▶ 位置
「X」はクリップを横方向に、「Y」はクリップを縦方向に移動します。

▶ 回転の角度
クリップの映像を回転します。

▶ アンカーポイント
「回転の角度」の回転の中心を、「X」は横方向に「Y」は縦方向に移動します。

▶ ピッチ
3Dで上側または下側が遠くにあるような形状に変形（X軸で回転）します。

▶ ヨー
3Dで右側または左側が遠くにあるような形状に変形（Y軸で回転）します。

▶ 反転
クリップの映像を左右または上下に反転します。

クロップ（切り抜き）

「クロップ」では、選択中のクリップの映像を切り抜くことができます。

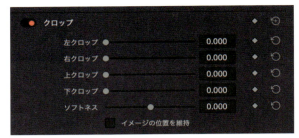

「クロップ」のインスペクタで設定可能な項目

▶ 左クロップ
左から右方向へ、クリップの見える範囲を狭くします。

▶ 右クロップ
右から左方向へ、クリップの見える範囲を狭くします。

▶ 上クロップ
上から下方向へ、クリップの見える範囲を狭くします。

▶ 下クロップ
下から上方向へ、クリップの見える範囲を狭くします。

▶ ソフトネス
クリップの見えている範囲の周囲をぼかします。値をプラスにすると、映像の外側に向かってぼかした状態になります。値をマイナスにすると、映像の内側に向かってぼかした状態になります。

ダイナミックズーム（ズームイン・ズームアウト）

「ダイナミックズーム」では、選択中のクリップをズームやパンしているように見せることができます。ただし、最初に見せる領域と最終的に見せる領域の指定はインスペクタでは行えません。領域の指定はクリップツールまたはビューアオーバーレイの「ダイナミックズーム」で行ってください。

インスペクタの「ダイナミックズーム」で指定できるのは、右の項目だけです。

「ダイナミックズーム」のインスペクタで設定可能な項目

▶ イーズ

ズームやパンを行う際の速度変化のパターンをメニューで選択して指定します。「リニア」「イーズイン」「イーズアウト」「イーズイン&アウト」のいずれかを指定できます。

▶ 反転

クリップツールの「ダイナミックズーム」で指定した緑色の枠と赤い枠を入れ替えます。

合成（合成モードと透明度）

「合成」では、選択中のクリップを下のビデオトラックのクリップとどのように合成するかを設定できます。

「合成」のインスペクタで設定可能な項目

▶ 合成モード

合成を行う際の演算の種類をメニューで選択して指定します。白い部分を透明にしたい場合は「マルチプライ（乗算）」、黒い部分を透明にしたい場合は「スクリーン」を選択してください。

▶ 不透明度

選択したクリップの不透明度をスライダーで設定できます

速度変更（再生速度の変更と逆再生）

「速度変更」では、選択中のクリップの再生速度を変更できます。

> **ヒント：速度を細かく制御できる別の方法もある**
>
> 速度はタイムライン上で変更することもできます。詳しくはChapter 7の「7-3 リタイムコントロール（p.301）」を参照してください。

「速度変更」のインスペクタで設定可能な項目

▶ 方向

再生する方向をアイコンで指定します。左から順に「順再生」「逆再生」「フリーズフレーム」となっています。ここでフリーズフレームを選択すると、選択中のクリップは再生ヘッドの直前で分割されます。そして分割された後半のクリップはすべて再生ヘッドの位置のフレームのフリーズフレームとなります。

> **用語解説：フリーズフレーム**
> 動画を一時停止したように動きを止めて見せる機能（またはそれを適用した映像）をフリーズフレームと言います。数秒のあいだ時間が止まったかのような演出をする際などに使用します。

▶ Change Speed
選択中のクリップの再生速度を変更します。元の速さが「100.00」で、倍速なら「200.00」、半分の速度なら「50.00」のように値を変更します。「-100.00」のようにマイナスの値を指定すると、逆再生になります。

▶ フレーム/秒
クリップの再生フレーム数を「フレーム/秒」で指定します。

▶ 長さ
クリップの長さを「時：分：秒：フレーム数（各2桁ずつ）」で表示します。この値は変更できません。

▶ タイムラインをリップル
この項目がチェックされていると、速度の変化と連動してクリップの長さも変化します（遅くすると長くなり、早くすると短くなります）。このとき、後続のクリップはリップルします。この項目がチェックされていない場合は、速度を変更してもクリップの長さは変わりません。

▶ ピッチ補正
この項目がチェックされていると、速度が変化しても音の高さは変化しません。この項目がチェックされていないと、速度の変化と連動して音の高さも変わります（遅くすると低い音になり、早くすると高い音になります）。

スタビライゼーション（手ぶれ補正）

「スタビライゼーション」では、選択中のクリップの手ぶれ補正を行うことができます。

「スタビライゼーション」のインスペクタで設定可能な項目

▶ スタビライズ ボタン
選択されているクリップにスタビライザーを適用します（手ぶれ補正を実行します）。

▶ モード

この項目はメニューになっており、「遠近」「遠近なし」「縦横のみ」の中から1つを選択できます。スタビライザーを適用した後にこの項目を変更した場合、スタビライザーの再適用が必要となります。

- ・遠近 ：遠近・縦横・ズーム・回転の動きの分析を行って手ぶれを補正します。
- ・遠近なし：縦横・ズーム・回転の動きの分析を行って手ぶれを補正します。
- ・縦横のみ：縦横の動きの分析のみを行って手ぶれを補正します。

▶ カメラロック

この項目をチェックして手ぶれを補正すると、多少の揺れのある映像でもカメラを三脚に固定して撮影したような映像になります。「クロップ比率」「スムース」「強度」は設定できなくなります。

▶ ズーム

手ぶれ補正は、内部的にはフレームごとに映像を上下左右に移動させるなどして行いますが、その結果として周囲に黒い部分ができてしまいます。その黒い部分が見えなくなるように映像を拡大するのがこの項目で、初期状態でチェックされています。この項目のチェックをはずすと、周囲にわずかに黒い部分が表示されるようになり、手ぶれは補正できても画面のまわりが揺れているような映像になります。

▶ クロップ比率

「ズーム」は拡大するかどうかを設定する項目ですが、「クロップ比率」はどれだけ拡大してクロップするかを設定する項目です。「1.000」にするとまったく拡大しない状態になり、そこから値を小さくするほど映像が拡大され、クロップされる範囲も大きくなります。スタビライザーを適用した後にこの項目を変更した場合は、スタビライズの再適用が必要となります。

▶ スムース

映像でのカメラの動きをスムーズなものにするために、カメラが動いている最中の余分な揺れをどれだけ除去するかを数値で設定する項目です。数値を大きくするほどスムーズな映像になります。スタビライザーを適用した後にこの項目を変更した場合は、スタビライザーの再適用が必要となります。

▶ 強度

スタビライザーの適用強度を数値で設定する項目です。値が「1.000」の状態だと、最大限の強度でスタビライザーを適用します。ただし最大限に適用すると映像が不自然なものになってしまうことがありますので、その場合は値を小さくしてください。

◢ オーディオ（ボリューム・声の自動レベル調整）

クリップを選択してインスペクタの「オーディオ」タブをクリックすると、「ボリューム」「パン」「Dialogue Leveler」「ピッチ」「EQ（イコライザー）」などの調整項目が表示されます。

Chapter 3 ｜ 動画の編集作業

▶ ボリューム

選択しているクリップの音量を調整できます。

▶ パン

選択しているクリップの音声のパン（音声の左右の出力バランス）を調整できます。

▶ Dialogue Leveler（ダイアログレベラー）

音声に含まれる人の声を検出して、大きすぎる声はレベルを下げ、小さな声はレベルを上げることで自動的に均一化します。また、人の声ではない背景音を小さくすることもできます。

「Mode」メニューでは、次の4種類のモードを選択できます。

- Allow wider dynamics（広いダイナミクスを許可）
- Optimize moderate levels（中程度のレベルに最適化）
- More lift for low levels（小さい声をより大きくする）
- Lift soft whispery sources（ソフトなささやき声を大きくする）

「Mode」メニューの下には、3つのチェック項目と1つのスライダーがあります。

- Reduce loud dialogue（大きな声のレベルを下げる）
- Lift soft dialogue（小さな声のレベルを上げる）
- Background reduction（背景音のレベルを下げる）
- Output Gain（出力ゲイン：0.0～6.0dB）

▶ ピッチ

選択しているクリップの音声のピッチ（音の高さ）を調整できます。「半音」と「セント」の2つの単位で変更できますが、「セント」は「半音の100分の1の高さ」をあらわします。したがって、「半音」でおおまかな高さを決めたあとに「セント」で微調整する、という手順で使用するとよいでしょう。

「オーディオ」のインスペクタで設定可能な項目

> **ヒント：Dialogue Levelerをトラック全体に適用するには？**
>
> インスペクタの領域全体の左上には「クリップ」と「トラック」の小さなアイコンがあります。初期状態では「クリップ」が選択されていますが、「トラック」のアイコンをクリックすることでトラック全体に適用できます。

▶ EQ（イコライザー）

選択しているクリップの音声を4バンドのパラメトリックイコライザー（特定の高さの音だけを連続可変で大きくしたり小さくしたりできる機能）で調整できます。

ファイル（クリップ情報）

　クリップを選択してインスペクタの「ファイル」タブをクリックすると、クリップのデータ形式（コーデック、フレームレート、解像度など）が表示され、さらにその下にはクリップに関する編集可能な情報が表示されます。ここで音声のフォーマットを変更することも可能です。

「ファイル」のインスペクタで設定可能な項目

Chapter 3 ｜ 動画の編集作業　189

3-11 マーカーの使い方

クリップまたはタイムラインの特定のフレームに付けることのできる目印が「マーカー」です。マーカーは色で分類することができ、それぞれに名前やメモ、矢印、フリーハンドの線などを入力しておくことができます。入力済みの情報は、そのフレームに再生ヘッドを合わせたときにビューアの映像に重ねて表示されます。

マーカーとは？

　マーカーは、クリップまたはタイムラインの任意の1フレームまたは連続する複数フレームに付けることのできる小さな目印です。タイムラインに配置したクリップだけでなく、メディアプール内にあるクリップにも付けることができます）。

　マーカーには、名前やメモ、キーワードといったテキスト情報を入力することができ、マーカー自体の色も指定可能です。また、エディットページにあるビューアオーバーレイの「注釈」機能（p.178）を使うことで、ビューア上で矢印や直線、四角形、フリーハンドの線を描き込むこともできます。そしてそれらの情報は、マーカーの設置されたフレームに再生ヘッドを合わせたときにビューア上に重ねて表示されます。

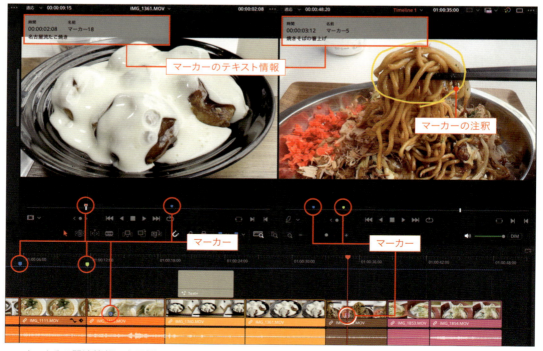

マーカーとその関連情報の表示例

ヒント：メモが記入されたマーカーには丸い印がつく

マーカーのメモに情報を入力するとそのマーカーの中央付近に丸い印がつき、メモが入力されていることがわかるようになっています。

補足情報：マーカーの表示・非表示のコントロール

「表示」メニューの「マーカーを表示」を選択して表示される項目のうち「すべて」のチェックを外すことで、すべてのマーカーを非表示にすることができます。その状態で同じメニューから特定の色を選択することで、その色のマーカーだけを表示させることもできます。

マーカーの追加と編集

マーカー関連の編集作業はすべて「マーク」メニューから行うことができ、キーボードショートカットも用意されています。マーカーを追加するには、タイムラインまたはビューアのジョグバー上で追加したいフレームに再生ヘッドを合わせ、[M]キーを押してください。マーカーを削除するには、マーカーを選択して[delete]キーを押してください。また、マーカーはドラッグして移動できます。

ヒント：マーカーで範囲を示すには？

[option（Alt）]キーを押しながらマーカーをドラッグすると、マーカーの幅が広がります。

マーカーを追加するボタンと編集のためのメニュー項目

3-11 マーカーの使い方

　カットページではタイムラインの左側、エディットページではタイムラインの上中央付近に青い「マーカーを追加」ボタンがあります。これらを押すと、タイムライン上でクリップが選択されている場合は<u>そのクリップの再生ヘッドのある位置</u>に、タイムライン上でクリップが選択されていない場合は<u>タイムラインの再生ヘッドのある位置</u>にマーカーが追加されます。これらのボタンはタイムライン用のものであるため、メディアプールのクリップにマーカーを追加する際には使用できません。

> **補足情報：カットページでの表示の違い**
> エディットページでは、クリップに指定したマーカーはクリップの上に表示されます。しかしカットページでは、クリップに指定したマーカーも、タイムラインに指定したマーカーと同様にタイムラインの目盛り下部に表示されます。

　追加されたマーカーをダブルクリックするとそのマーカーの名前やメモなどの情報を入力するダイアログが表示されます。また、[M]キーを押してマーカーを追加した際にもう一度[M]キーを押すと、情報を入力するダイアログが開きます。

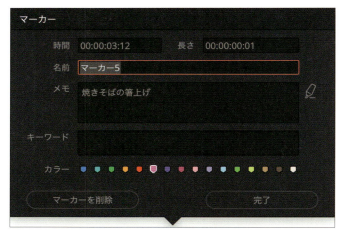

マーカーには名前やメモ、キーワードなどが入力できる

> **ヒント：マーカーからマーカーへの再生ヘッドの移動**
> [shift]キーを押した状態で上の矢印キーを押すと、再生ヘッドは前のマーカーへと移動します。[shift]キーを押した状態で下の矢印キーを押すと、再生ヘッドは次のマーカーへと移動します。

> **ヒント：マーカーがリップルしないようにするには？**
> 初期状態では、タイムラインに設置したマーカーはリップルするようになっています。これをリップルしないように変えるには、「タイムライン」メニューの「タイムラインマーカーをリップル」のチェックを外してください。このメニュー項目は、エディットページでのみ設定可能です。

Chapter

4

テキストに関連する作業

DaVinci Resolveには、映像にテキストを表示させ
るための複数のツールが用意されています。ここでは、
それらの違いと基本的な使用方法、そしてそれらの中
でもっとも高機能な「テキスト+」の使い方について詳
しく解説します。

4-1 タイトルの種類

動画編集ソフトにおける「タイトル」とは、映像に重ねて表示させることのできるテキスト全般のことです。DaVinci Resolveにおいては、直感的に使用できる「テキスト」のほか、高機能な「テキスト+」、内容を自動的にスクロールさせる「スクロール」、映像とは別の独立したデータとして扱うことのできる「字幕」などのテキストツールが用意されています。

動画編集ソフトにおける用語について

　日本国内においては、一般的にテレビの画面上に表示されるテキストのことを「テロップ」と呼んでいます。しかしDaVinci Resolveをはじめとする多くの外国産の動画編集ソフトでは、「テロップ」ではなく「タイトル」という用語が使用されています。

　「タイトル」と言っても「題名」や「表題」「見出し」のようなテキストだけを指しているわけではなく、普通の日本人がイメージする「テロップ」や「字幕」のような「画面上に表示させるテキスト全般」のことを指している点に注意してください。

　また、動画編集ソフトにおいては「字幕」も通常よりは限定された意味で使用されています。DaVinci Resolveの「字幕」はタイトルの一種ではありますが、映像の上に重ねて表示させるだけの他のタイトルとは異なり、映像とは別に独立して書き出したり読み込んだりすることができる特別な形式のテキストのことを指しています。

テキスト+

　「テキスト+」は、テキストツールの中ではもっとも詳細かつ自由に文字装飾ができるツールです。DaVinci Resolve でテレビのバラエティ番組で見かけるような何重にも縁取られた凝ったテロップを作成する場合には、このツールを使う必要があります。

　元々はFusionページのテキストツールであるため、自由度が高く高度な作り込みが可能である反面、慣れないうちは操作が難しいのが難点です。

「テキスト+」で装飾したテキストの例

テキスト

「テキスト」は、DaVinci Resolve 15 で「テキスト+」が登場するまでは、DaVinci Resolve の主要なテキストツールとして使用されていました。設定可能な項目は「テキスト+」と比較するとかなり少ないですが、ビューア上での直感的な操作が可能となっており、一般的なアプリケーションのようにシンプルで初心者でも扱いやすいものとなっています。

「テキスト」で装飾したテキストの例

インスペクタの「ストローク」の「サイズ」の値を大きくすることで、このツールでも一重の縁取りであれば追加可能です。その際、「外側のみ」という項目にチェックを入れると、縁取りはテキストの外側にのみ表示されるようになります。チェックを入れていない状態で「サイズ」の値を大きくすると、外側と同時に内側にも縁取りが表示されてテキストが細くなってしまいますので注意してください。

スクロール

「スクロール」は、テキストを下から登場させて徐々に上に移動させ、やがてテキストが見えなくなる、という一連の演出を行うためのテキストツールです。テキストの移動速度は、タイムライン上に配置された「スクロール」のクリップの幅で調整します（幅を広げて表示時間を長くするとテキストがゆっくり移動するようになります）。このツールは設定可能な項目が少なく、特に行間が設定できないのが難点です。

「スクロール」のテキストの表示例

Chapter 4 　 テキストに関連する作業　　195

字幕

　DaVinci Resolveの「字幕」は、「テキスト+」「テキスト」「スクロール」とは異なり、一般的なテレビ番組のテロップのようなものを作成するためのテキストツールではありません。「字幕」は洋画の日本語字幕のような、全編を通して統一された文字スタイルで、視聴者によって表示／非表示の切り替えができるテキストを作成したい場合に使用します。「字幕」として作成したデータは、映像に同期した外部ファイルとして書き出すこともできるため、それをYouTubeで読み込ませてオン／オフ可能な字幕として使用することもできます。

「字幕」のテキストの表示例

> **ヒント：YouTubeで「字幕」のデータを読み込ませるには？**
> YouTube Studioで字幕を読み込ませたい動画の「詳細」画面を開き、そこから「字幕」の画面を開いて「追加」をクリックすることで字幕データを読み込ませることができます。

　「字幕」をタイムラインに配置すると、ビデオトラックの上に字幕専用のトラックが自動的に生成され、字幕のクリップはそこに配置されます。字幕にはある程度の文字の装飾は可能ですが、同じトラック上に配置したテキストにはすべて同じ装飾が適用されます（同じトラック上の一部のテキストだけ色やサイズなどを変えることはできません）。日本語の字幕のほかに英語の字幕なども作成できるように、字幕のトラックは複数作成できます。文字の装飾は、トラックごとに変えることができます。

> **ヒント：字幕はタイトル一覧の最後にある**
> 「テキスト+」「テキスト」「スクロール」はタイトル一覧（p.199、p.201）の先頭にありますが、「字幕」は一番下にあります。

補足情報：「字幕」のトラック1は「ST1」
トラックヘッダーにおいて、ビデオトラック1は「V1」、オーディオトラック1は「A1」と表示されます。それに対して「字幕」のトラック1は「ST1」と表示されます。この「ST」は、「字幕」を意味する英単語「subtitles」の略です。

「字幕」のトラックはビデオトラックの上に作成される

　動画を書き出した場合、「テキスト+」「テキスト」「スクロール」は映像の一部として書き出されます。それに対して「字幕」は、映像の一部として書き出すことも可能ですし、映像とは別の外部ファイルとして書き出すことも可能です。字幕を外部ファイルにすることで、視聴者が映像を見るときに字幕の表示／非表示を切り替えられるようになります。

　映像の一部として書き出すかどうかは、デリバーページの「レンダー設定」にある「字幕設定」の項目で指定できます。「字幕の書き出し」にチェックを入れ、「書き出し方法」で「ビデオに焼き付け」を選択すると映像の一部になった状態で書き出されます。「書き出し方法」で「別ファイル」を選択すると別のファイルとして書き出されます。

デリバーページのレンダー設定にある「字幕」の各項目

補足情報：字幕ファイルだけを書き出すには？
「ファイル」メニューから「書き出し」→「字幕...」を選択してください。エディットページの場合は、書き出したい字幕トラックのトラックヘッダーを右クリックして「字幕の書き出し...」を選択しても書き出せます。

補足情報：字幕ファイルを読み込むには？
「メディアプール」内で右クリックして、カットページの場合は「メディアの読み込み...」、エディットページの場合は「字幕の読み込み...」を選択して字幕ファイルを開くと、メディアプールに追加されます。

Chapter 4 ｜ テキストに関連する作業

その他

　DaVinci Resolveのタイトルには「テキスト+」「テキスト」「スクロール」「字幕」以外のものも多く用意されています。それらはほかのパーツとテキストを組み合わせたものであったり、サイズの異なるフォントを組み合わせたものであったり、立体的な文字であったり、それらにアニメーションを加えたものであったりします。ここではその中の一部を紹介しておきます。

「Call Out」のテキストの表示例

「中央ローワーサード」のテキストの表示例

「左ローワーサード」のテキストの表示例

「右ローワーサード」のテキストの表示例

「Text Box」のテキストの表示例

「縁取りテキスト」のテキストの表示例

4-2 タイトルの基本的な使い方

一部の細かい操作方法を除けば、タイトルに関してはカットページでもエディットページでも基本的に同じ機能が利用できます。ここではタイトルの基本操作である「タイトルをタイムラインに配置する方法」と「よく使うタイトルを『お気に入り』に追加する方法」について説明します。

タイムラインへの配置（カットページ）

カットページでタイトルをタイムラインに配置するには次のように操作してください。このサンプルでは、文字の下のトラックに青い色の動画を配置しています。

1 「タイトル」タブをクリックする

画面左上にある「タイトル」タブをクリックします。

2 使用するタイトルを探す

タイトルが一覧表示されますので、その中から使用するものを探します。このとき、各タイトルの上にポインタをのせると、そのタイトルがビューアに表示されます。アニメーションを伴うタイトルの場合は、タイトルの上でポインタを左から右へと動かすことでその動きも確認できます。

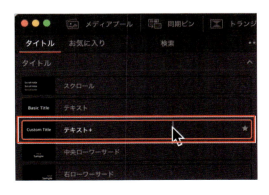

Chapter 4 | テキストに関連する作業　199

3 使用するタイトルをタイムラインにドラッグする

使用するタイトルが決まったら、そのタイトルをタイムラインにドラッグ&ドロップしてください。

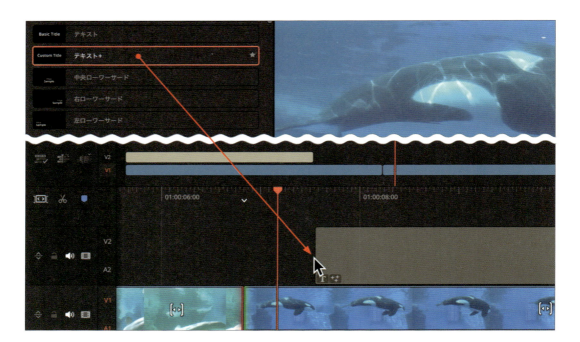

> **ヒント：タイトルはビデオトラックに配置する**
> タイトルが配置できる場所はビデオクリップと同じです。ビデオトラック内であればどこにでも配置できます。ビデオトラック1に配置すると、黒い背景にタイトルだけが表示されます。

> **補足情報：メディアプール下部のボタンや「編集」メニューでも配置可能**
> カットページのメディアプールやタイトル一覧が表示される領域の下部には、タイムラインにクリップを配置するための6つのボタンが用意されています。タイトルを選択した状態でこれらのボタンをクリックして配置することも可能です。また、「編集」メニューにある「挿入」や「タイムラインの末尾に追加」などを選択しても同様に追加できます。

> **ヒント：配置されるタイトルの長さは5秒**
> タイムラインに配置されるタイトルの長さは初期状態では5秒になります。この長さを変えるには、「DaVinci Resolve」メニューから「環境設定…」→「ユーザー」→「編集」を選択して表示される画面の中にある「標準ジェネレーターの長さ」の値を変更してください。

タイムラインへの配置（エディットページ）

エディットページでタイトルをタイムラインに配置するには次のように操作してください。このサンプルでは、文字の下のトラックに青い色の動画を配置しています。

1 「エフェクト」タブをクリックする

エフェクトライブラリが表示されていない場合は、画面左上にある「エフェクト」タブをクリックします。

2 「ツールボックス」内にある「タイトル」を選択する

エフェクトライブラリの左側に表示されている「ツールボックス」という項目の中にある「タイトル」をクリックします。

3 使用するタイトルを探す

タイトルが一覧表示されますので、その中から使用するものを探します。このとき、各タイトルの上にポインタをのせると、そのタイトルがビューアに表示されます。アニメーションを伴うタイトルの場合は、タイトルの上でポインタを左から右へと動かすことでその動きも確認できます。

4 使用するタイトルをタイムラインにドラッグする

使用するタイトルが決まったら、そのタイトルをタイムラインにドラッグ&ドロップしてください。

> **補足情報：タイムラインビューアにドラッグしても配置可能**
>
> タイトル一覧にあるタイトルをタイムラインビューアにドラッグすることで、ビデオクリップと同様に7種類の配置方法（「挿入」や「タイムラインの末尾に追加」など）から選んで配置できます。また、「編集」メニューにある同様の機能も利用可能です。

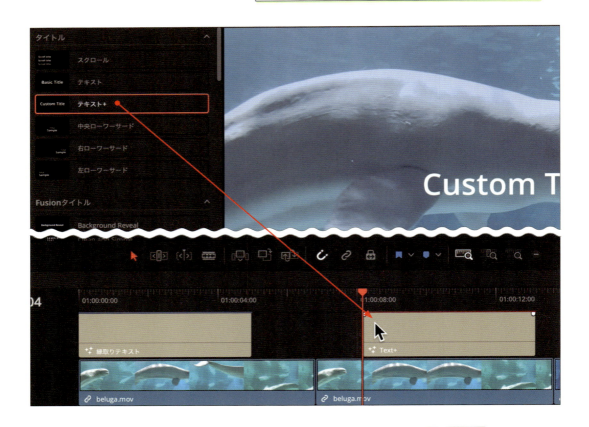

> **ヒント：タイトルにはビデオクリップと同じエフェクトが適用できる**
>
> ビデオクリップと同様に、タイトルもエフェクト（拡大縮小・移動・回転など）が適用できます。また、フェーダーハンドルを使ってフェードさせることも可能です。

タイトルをお気に入りに追加する

よく使うタイトルは「お気に入り」に追加しておくことで、探す手間をかけずにすぐに適用できるようになります。タイトルを「お気に入り」に追加するには次のように操作してください。

1 タイトルの一覧を表示させる

カットページの場合は、画面左上の「タイトル」のタブをクリックしてタイトルの一覧を表示させます。エディットページの場合は、画面左上の「エフェクト」タブをクリックし、「ツールボックス」の中にある「タイトル」をクリックしてください。

2 名前の右横にある☆をクリックする

「お気に入り」に追加したいタイトルの上にポインタをのせると、名前の右側に星印（☆）が表示されます。それをクリックするとグレーだった星印が白くなり、「お気に入り」に追加されます。

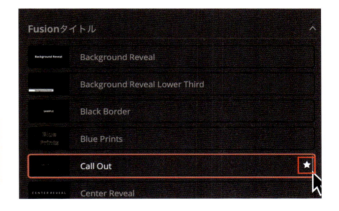

> **補足情報：右クリックでも追加できる**
> タイトルを右クリックして「お気に入りに追加」を選択しても、お気に入りに追加できます。

3 お気に入りを開く

カットページの場合は、一覧の上部にある「お気に入り」のタブをクリックしてください。エディットページの場合は、一覧の左下にある「お気に入り」をクリックして選択します。画面が切り替わって、お気に入りに追加されているタイトルだけが一覧表示されます。

> **ヒント：お気に入りから削除するには？**
> 白くなった星印をもう一度クリックすると色がグレーに変わり、お気に入りから削除されます。

Chapter 4 | テキストに関連する作業　203

4-3 テキスト+の使い方

「テキスト+」は、Fusionページのテキスト機能をほかのページでも使用できるようにしたものです。そのため、ある程度のFusionページに関する知識を持った上で、Fusionページで使用しなければ理解しにくい部分があります。ここでは、Fusionについての知識がほとんどない状態でも「テキスト+」が使えるように、一般的なテレビ番組で見られるようなテロップを作るための作業手順を解説していきます。

テキスト+の基本操作

「テキスト+」のインスペクタの内容はカットページとエディットページで共通しています。最上部には右のように6つのタブがありますが、一般に多く使用されるのは「テキスト」「レイアウト」「シェーディング」の3つのタブです。

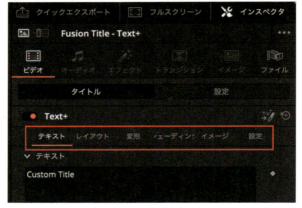

「テキスト+」のインスペクタにある6つのタブ（左から4番目は「シェーディング」）

初期状態で表示されている「テキスト」のタブでは、主に右のような項目が調整可能です。スクロールすることでさらに多くの項目が表示されますが、ほかの項目に関しては必要に応じて別途説明していきます。

> **補足情報：「文字のサイズ」の単位は？**
>
> 「テキスト+」で指定する文字の「サイズ」は、ピクセルやポイントなどの単位の付く数値ではありません。映像の横幅を1とした場合の値となっています。つまり、0.03なら横幅の3%、0.15なら横幅の15%の大きさ、ということになります。こうすることで、制作の途中でタイムライン解像度を変更しても、映像に対する文字の大きさは変わらないようになっています。

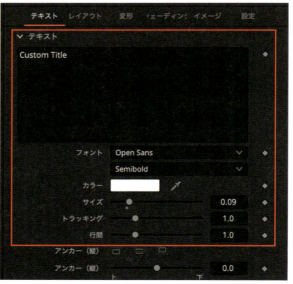

「テキスト」タブでよく使われる項目

「レイアウト」タブではレイアウトの種類が切り替えられるほか、文字の配置位置を調整できます。レイアウトの種類については次の節で説明します。

> **ヒント：インスペクタの「タイトル」タブと「設定」タブ**
>
> インスペクタでの「テキスト+」専用の設定は、初期状態で表示されている「タイトル」タブで行います。ビデオクリップと同様の変形（拡大縮小・移動・回転・反転）やクロップ、合成などを調整したい場合は「設定」タブに切り替えてください。

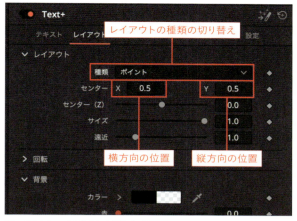

「レイアウト」タブでよく使われる項目

テキスト+のレイアウトの種類

テキスト+のレイアウトは4種類あり、「レイアウト」タブを開くと一番上にある「種類」メニューで切り替えられるようになっています。

「円形」を除き、カットページやエディットページではレイアウトの種類を切り替えてみても違いはよくわかりません。しかし、Fusionページで表示させるか、後述する **Fusionオーバーレイ**（p.225）を表示させると、テキストに対して緑や赤のコントロールが表示されますので違いが確認できます。

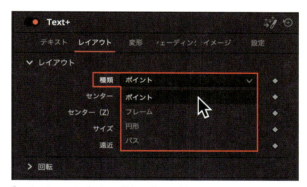

「レイアウト」タブで切り替え可能な4種類のレイアウト

ここでは、Fusionページでどう表示されるのかを確認しながら、各レイアウトモードの違いを把握しておきましょう。

▶ ポイント

ポイント（点）を中心にしてテキストを配置します。テキストの移動は、この点を動かすことで行います。テキスト+の初期状態では、この状態になっています。

▶ フレーム

テキストを四角形のフレーム（枠）の中に配置します。枠の中に配置するといっても、テキストが多ければ枠からはみ出した状態で表示されます。しかし、インスペクタで左揃えにすると左側で揃う状態になり、右揃えにすると右側で揃う状態になります。上または下に揃えることも可能です。枠の大きさや位置は自由に調整できます。

▶ 円形

円または楕円の形状に沿ってテキストを配置します。円の大きさなどは調整可能です。テキストを円の内側と外側のどちらに配置するかは、インスペクタの「アンカー（縦）」で設定します。

▶ パス

自分で描いたパスに沿ってテキストを配置します。パスを描いたり調整する作業は、Fusionページで行うか、Fusionオーバーレイを表示させた状態で行います。

ヒント：レイアウトモードの基本的な使い分け

1行のシンプルなテキストを配置するなら「ポイント」が簡単で便利です。行揃えの必要な複数行のテキストを配置するなら「フレーム」を使うのが基本ですが、「ポイント」でも同様の表示にすることは可能です。

テキスト+での行揃え

テキスト+で行揃えを行うには次のように操作してください。

1 テキスト+をタイムラインに配置する

カットページまたはエディットページでテキスト+をタイムラインに配置します。

この段階で必要なテキストを入力し、インスペクタでフォントの種類やカラー、サイズ、行間など（行揃えを除く）を調整しておいてください。

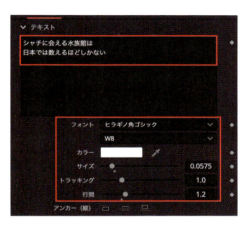
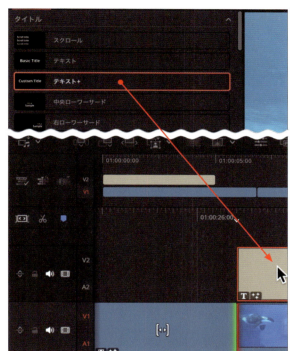

> **ヒント：日本語を表示させるにはフォントの変更が必要**
>
> テキスト+の初期状態のフォントのままで日本語を入力すると文字化けします。日本語を表示させる場合はフォントの種類を日本語対応のものに変更してください。

2 行揃えと上下の揃えを設定する

インスペクタで「テキスト」タブが選択されている状態で下の項目を見ていくと、「アンカー（縦）」と「アンカー（横）」という項目があります。「アンカー（縦）」では「上揃え」「中央揃え」「下揃え」が設定でき、「アンカー（横）」では「左揃え」「中央揃え」「右揃え」が設定できます（行揃えのアイコンをクリックするかスライダーで設定できます）。この例では「下揃え」と「左揃え」にしています。

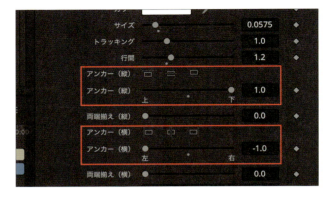

> **ヒント：「ポイント」でも行揃えは可能**
>
> この時点では、レイアウトの種類は「ポイント」になっていますので、中央の点にテキストの下と左が揃えられている状態になっています。この状態から、点を左下に移動させることで普通の左揃えと同じように表示させることもできます。点を移動させるにはドラッグするか、「レイアウト」タブを開いて「X」と「Y」で位置を調整してください。変形エフェクトで移動させることもできます。

3 「レイアウト」タブをクリックする

インスペクタ上部の「レイアウト」タブをクリックして画面を切り替えます。

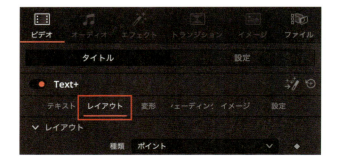

4 「種類」を「フレーム」に変更する

「種類」メニューを開くと「ポイント」が選択された状態になっていますので、「フレーム」に切り替えます。切り替えるとテキストが左下に移動します。

5 Fusionページを開く

必ずしもFusionページに移動する必要はないのですが、簡単な操作で枠の状態を確認するために、この例ではFusionページに移動します。タイムラインでテキスト+のクリップが選択されていることを確認の上（選択されていなければ選択して）、Fusionページに移動してください。

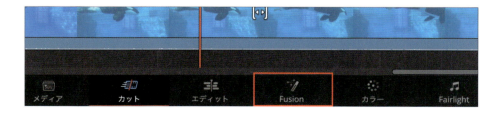

6 枠の幅と高さを調整する

Fusionページに移動すると枠が表示されており、テキストはその左下に揃った状態になっています。インスペクタの「レイアウト」タブにある「幅」と「高さ」で枠の大きさを調整すると、それに合わせてテキストの表示位置も変わります。必要に応じて「X」と「Y」で枠の位置も調整できます。

Chapter 4 ｜ テキストに関連する作業　209

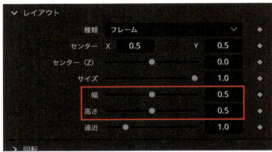

ヒント：枠を表示させなくても 　　　　幅と高さは調整可能
この例では、レイアウトの種類を「フレーム」にしたときの枠と行揃えの関係を確認するために、あえてFusionページに移動しました。しかし、それらがどういう状態になっているのかを理解できているのであれば、枠は表示させずに、カットページまたはエディットページのインスペクタで幅と高さを調整してもかまいません。

ヒント：背景を黒くする方法
Fusionページに移動すると、初期状態では背景がグレーのチェッカーボード柄になっています。その状態だと誌面では枠線が見えにくくなるため、ここでは背景を黒に変更しています。背景を変更するには、ビューア右上にある「…」メニューから「チェッカーアンダーレイ」を選択してください。

ヒント：値を初期状態に戻す方法
インスペクタ上の「幅」や「高さ」のような項目名をダブルクリックすることで、変更済みの値を初期値に戻すことができます。DaVinci Resolveで共通している操作方法として、リセットのアイコンが表示されている場合はそれでリセットできますが、ない場合は項目名をダブルクリックすることで初期値に戻せます。

「シェーディング」タブの役割

「シェーディング」は、文字に縁取りなどの装飾を付け加える際に使用するタブです。装飾を追加するために、番号の付けられた8つの階層（レイヤーと同等のもの）が用意されており、初期設定では番号の大きい階層に配置された装飾ほど後方（下）に表示されるようになっています。

各階層に配置できる装飾は、次の4種類のうちの1つだけです。「テキスト」タブで入力したテキストは「テキストの塗りつぶし」に設定されており、いちばん手前の1の階層に配置されています。

・テキストの塗りつぶし（文字本体）
・テキストの縁取り（文字の縁取り）
・境界線の塗りつぶし（文字の背景）
・境界線の縁取り（文字の背景の縁取り）

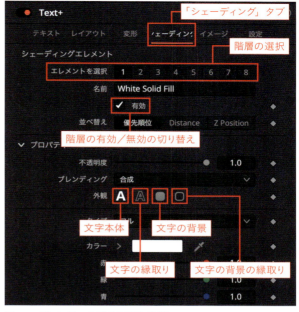

「シェーディング」タブの主要な機能

「シェーディング」タブの3種類のプリセット

「シェーディング」タブの装飾を配置できる8つの階層のうち、2〜4にはあらかじめ「文字の縁取り」「文字の影（文字本体を使用）」「文字の背景」がセットされており、初期状態では「無効」になっています。したがって、「文字の縁取り」「文字の影」「文字の背景」のいずれかを表示させたいときには、該当する階層を選択して「有効」にチェックを入れるだけですぐに表示させられます。

> **補足情報：階層3は文字本体による影**
> 階層3は、「文字本体」を黒くして表示位置をずらし、縁をぼかすことで影として表示させています。

階層の番号	装飾の種類	初期状態での有効／無効
1	文字本体	有効
2	文字の縁取り	無効
3	文字本体（影）	無効
4	文字の背景	無効
5	文字本体	無効
6	文字本体	無効
7	文字本体	無効
8	文字本体	無効

階層2の「有効」をチェックすると「文字の縁取り」が表示される

階層3の「有効」をチェックすると「文字の影」が表示される

階層4の「有効」をチェックすると「文字の背景」が表示される

4-3 文字に縁取りを付ける（階層2の使い方）

「シェーディング」タブの階層2のプリセットを使って文字に縁取りを付けるには、次のように操作してください。

1 テキスト+をタイムラインに配置して文字を調整する

はじめに、テキスト+をタイムラインの任意の位置に配置します。必要に応じてテキストの内容やフォントの種類、サイズ、カラーなどを変更してください。

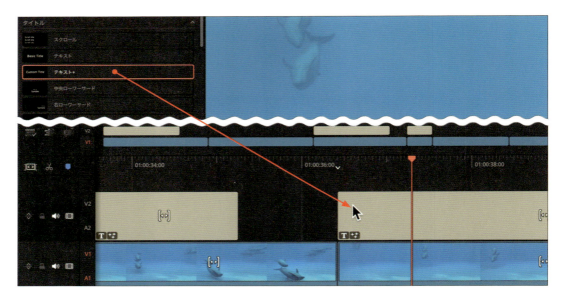

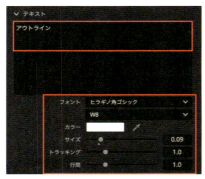

2 「シェーディング」タブをクリックする

インスペクタ上部の「シェーディング」タブをクリックして画面を切り替えます。

3 階層2を選択する

「エレメントを選択」の「2」をクリックして選択します。

4 「有効」にチェックを入れる

「有効」という項目をクリックしてチェックされた状態にすると、文字に赤い縁取りが表示されます。

5 縁取りを調整する

縁取りの線の太さや色などを調整します。

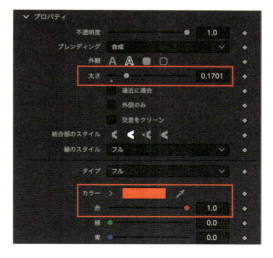

> **ヒント：縁取りの線を**
> **スライダーの限界よりも太くするには？**
>
> 縁取りの線をスライダーの一番右側よりもさらに太くしたい場合は、スライダーの右横の数値に現在の値よりも大きな数値を入力してください。スライダーのスケールが更新され、さらに右側に動かせるようになります。

6 必要なら縁取りをぼかす

縁取りのまわりをぼかしたい場合は、「ソフトネス」の「X」と「Y」で調整できます。「X」は横方向のぼかし具合で、「Y」は縦方向のぼかし具合です。

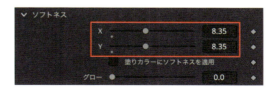

Chapter 4 | テキストに関連する作業

4-3 文字に影を表示させる（階層3の使い方）

「シェーディング」タブの階層3のプリセットを使って文字に影を付けるには、次のように操作してください。

1 テキスト+をタイムラインに配置して文字を調整する

はじめに、テキスト+をタイムラインの任意の位置に配置します。必要に応じてテキストの内容やフォントの種類、サイズ、カラーなどを変更してください。

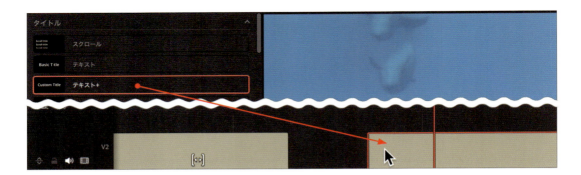

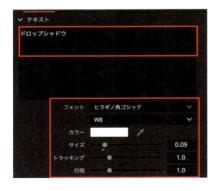

2 「シェーディング」タブをクリックする

インスペクタ上部の「シェーディング」タブをクリックして画面を切り替えます。

3 階層3を選択する

「エレメントを選択」の「3」をクリックして選択します。

4 「有効」にチェックを入れる

「有効」という項目をクリックしてチェックされた状態にすると、影が表示されます。

5 影の不透明度を調整する

必要に応じて影の不透明度を調整します。また、影の色を変更することも可能です。

6 影の位置を調整する

影の位置は、「位置」の「オフセット X」と「Y」で調整できます。「X」は横方向の位置、「Y」は縦方向の位置です。

7 影のぼかし具合を調整する

影のまわりのぼかし具合は、「ソフトネス」の「X」と「Y」で調整できます。「X」は横方向のぼかし具合、「Y」は縦方向のぼかし具合です。

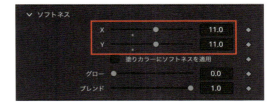

文字に背景を表示させる（階層4の使い方）

「シェーディング」タブの階層4のプリセットを使って文字の背景を表示させるには、次のように操作してください。

1 テキスト+をタイムラインに配置して文字を調整する

はじめに、テキスト+をタイムラインの任意の位置に配置します。必要に応じてテキストの内容やフォントの種類、サイズ、カラーなどを変更してください。

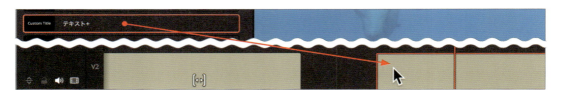

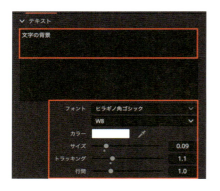

2 「シェーディング」タブをクリックする

インスペクタ上部の「シェーディング」タブをクリックして画面を切り替えます。

3 階層4を選択する

「エレメントを選択」の「4」をクリックして選択します。

4 「有効」にチェックを入れる

「有効」という項目をクリックしてチェックされた状態にすると、文字ごとに青い背景が表示されます（この例では背景が文字ごとに表示されていることがわかるように文字間隔を広くしてあります）。

5 背景をどの単位で表示させるのかを設定する

背景はテキスト全体に付けることもできますし、1文字ごとまたは1行ごとに付けることもできます。ここでは、背景をどの単位で付けるのかを「レベル」というメニューから選択して指定します。

レベルの値	背景を付ける単位
テキスト	テキスト全体
行	行ごと
単語	単語ごと（日本語では行ごとになる）
文字	1文字ごと

6 背景の表示を調整する

背景の不透明度や幅（延長・横）と高さ（延長・縦）、角の丸さ（ラウンド）、カラーなどを調整します。

7 背景の輪郭のぼかし具合を調整する

背景のまわりのぼかし具合は、「ソフトネス」の「X」と「Y」で調整できます。「X」は横方向のぼかし具合、「Y」は縦方向のぼかし具合です。

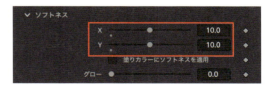

Chapter 4 | テキストに関連する作業　217

文字の縁取りを追加する（階層5以降を追加）

「シェーディング」タブの階層2のプリセットに加えてさらに文字の縁取りを追加するには、次のように操作してください。

1　テキスト＋のクリップを選択してインスペクタを開く

すでに階層2の縁取りを付けたテキスト＋のクリップをタイムライン上で選択し、インスペクタを開いた状態にします。

2　「シェーディング」タブをクリックする

インスペクタ上部の「シェーディング」タブをクリックして画面を切り替えます。

3　階層5以降を選択する

「エレメントを選択」の「5」以降の未使用の階層をクリックして選択します。

> **ヒント：使用する階層は5〜8のどれでもOK**
>
> 一般に2つめの縁取りを追加する場合には階層5を使用することが多いと思いますが、未使用の階層ならどれでも使用可能です。階層は1〜8までしかなく、数字が大きいほど後方に表示されるというルールさえ理解していれば、どの階層を使用してもOKです。

4 「有効」にチェックを入れる

「有効」という項目をクリックしてチェックします。

5 「外観」の「テキストの縁取り」を選択する

「外観」という項目にある4つのアイコンのうち、左から2番目の「テキストの縁取り」を選択します。

6 縁取りを調整する

縁取りの太さやカラーなどを調整します。

> **補足情報：縁取りは太くするまで見えない場合もある**
>
> 階層2で付けた縁取りの太さにもよりますが、この時点ではまだ追加した縁取りは見えていない場合もあります。階層5以降は階層2よりも後方（下）に表示されていますので、縁取りが階層2よりも太くなった段階で見えるようになります。

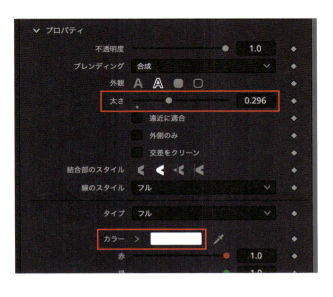

> **ヒント：縁取りの線をスライダーの限界よりも太くするには？**
>
> 縁取りの線をスライダーの一番右側よりもさらに太くしたい場合は、スライダーの右横の数値に現在の値よりも大きな数値を入力してください。スライダーのスケールが更新され、さらに右側に動かせるようになります。

Chapter 4 | テキストに関連する作業　219

文字の背景に縁取りをつける（階層3を変更）

ここでは、「シェーディング」タブの階層4のプリセットで表示させた背景に加えて、さらに背景の縁取りを追加する例を紹介します。

背景を階層4に表示させている場合、その縁取りを階層5以降に表示させると背景の後方に表示されることになり、背景の外側にある部分しか見えない状態になります。ここで紹介する例では、縁取りの線を背景の手前に表示させますので、縁取りは階層3のプリセットを変更して表示させることにします。階層3の外観を影以外のものに変更する際の参考としてもご利用ください。

1 テキスト+のクリップを選択してインスペクタを開く

すでに階層4で背景を表示させているテキスト+のクリップをタイムライン上で選択し、インスペクタを開いた状態にします。

2 「シェーディング」タブをクリックする

インスペクタ上部の「シェーディング」タブをクリックして画面を切り替えます。

3 階層3を選択する

「エレメントを選択」の「3」をクリックして選択します。

4 「有効」にチェックを入れる

「有効」という項目をクリックしてチェックします。文字に影が表示されます。

5 「境界線の縁取り」を選択する

「外観」という項目にある4つのアイコンのうち、一番右にある「境界線の縁取り」を選択します。文字の影が消えて、文字ごとに背景の縁取りが表示されます。

6 縁取りの色を設定する

この段階で黒い縁取りの線が表示されているのですが、見にくいので色を変更します。この例では線を白にしています。

7 縁取りをどの単位で表示させるのかを設定する

縁取りはテキスト全体に付けることもできますし、1文字ごとまたは1行ごとに付けることもできます。縁取りをどの単位で付けるのかを「レベル」というメニューから選択して指定してください。この例では「テキスト」を選択しています。

レベルの値	縁取りを付ける単位
テキスト	テキスト全体
行	行ごと
単語	単語ごと（日本語では行ごとになる）
文字	1文字ごと

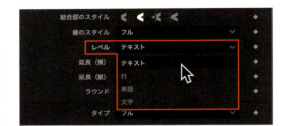

重要
背景とその縁取りの大きさをぴったりと合わせるには、両方で同じレベルを選択している必要があります。

8 階層3の影向けの設定をクリアする

この段階では線にぼかしがかかっており、表示位置も右下にずれています。これは影のプリセットの設定が残っているためです。「ソフトネス」の「X」と「Y」を「0」にし、「位置」の「オフセットX」と「Y」も「0」にしてください。

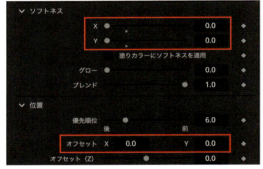

9 縁取りの表示を調整する

必要に応じて不透明度や太さ、幅（延長・横）、高さ（延長・縦）、角の丸さ（ラウンド）、カラーなどを調整してください。

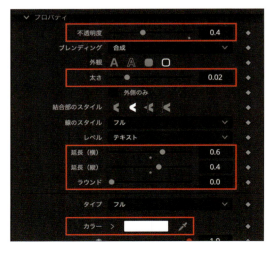

文字の色をグラデーションにする

文字の色をグラデーションにするには、次のように操作してください。

1 テキスト+のクリップを選択してインスペクタを開く

文字の色をグラデーションにするテキスト+のクリップをタイムライン上で選択し、インスペクタを開いた状態にします。

2 「シェーディング」タブをクリックする

インスペクタ上部の「シェーディング」タブをクリックして画面を切り替えます。

3 階層1を選択する

「エレメントを選択」が1以外に設定されている場合は、「1」を選択します。

> **補足情報：文字の縁取りや背景もグラデーションにできる**
>
> 文字本体以外の装飾（文字の縁取り・文字の背景・文字の背景の縁取り）の色も、次以降の同じ操作でグラデーションにすることができます。

4 「タイプ」を「グラデーション」に変更する

「タイプ」という項目のメニューから、一番下の「グラデーション」を選択します。

5 右の△を選択し、最上部の色を選択する

文字色は上が元の色で下が黒のグラデーションに変化し、グラデーションのカラーバーが表示されています。カラーバーの右下にある△は文字の最上部の色、左下にある△は文字の最下部の色を示しています。

はじめに、右下にある△をクリックして選択してください。選択された△は白くなります（選択されていない△の色はグレーです）。その状態で色を選択すると文字の最上部の色になります。

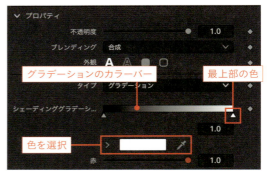

6 左の△を選択し、最下部の色を選択する

カラーバーの左下にある△をクリックして選択し、色を選択すると文字の最下部の色になります。

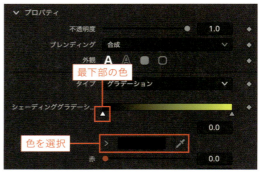

7 △を左右に移動させて調整する

カラーバーの下にある△は、左右にドラッグして移動可能です。これによって色の変化の具合を調整できますので、必要に応じて微調整してください。

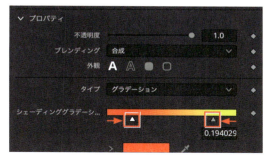

> **ヒント：グラデーションは3色以上にできる**
> グラデーションのカラーバー上をクリックするとその位置に△が表示され、途中の色が指定できるようになります。△を削除するには、選択して［delete］キーを押すか、カラーバーよりも画面の上側にドラッグ&ドロップしてください。この△は、［command（Ctrl）］キーを押しながらドラッグすることで複製できます。

Fusionオーバーレイを表示させる

　Fusionオーバーレイとは、テキスト+のクリップをFusionページで開いたときに表示されている次のような赤と緑のコントロール（矢印と点線の円）です。また、テキスト+のフレームやパスなどの線もFusionオーバーレイの一部です。

　Fusionページでは、ビューア右上の「…」から「コントロールを表示」を選択することで、これらのコントロールの表示／非表示を切り替えられます。

> **ヒント：Fusionオーバーレイの色は変化する**
> Fusionオーバーレイは、選択されていると赤、選択されていないと緑になります。

テキスト+のFusionオーバーレイ

Fusionオーバーレイが表示されていると、矢印の部分をドラッグしてテキストを移動させることができます。上向きの矢印で上下に、右向きの矢印で左右にのみ移動させることができ、中央の□をドラッグすると自由な位置に移動させられます。

また、点線の円をドラッグすることで、テキストを回転させることもできます。

> **ヒント：移動と回転は矢印キーでも可能**
>
> 矢印または点線を選択した状態で矢印キーを押すことで、移動と回転の操作をキーボードで行うこともできます。[shift]キーを同時に押すことで、大きく移動・回転させることも可能です。

Fusionオーバーレイを表示させていると、さらに次の2つの機能が利用できるようになります。

- Allow typing in preview（プレビューでの文字入力を許可する）
- Allow manual positioning（手動の位置決めを許可する）

「Allow typing in preview」は、白い縦線（テキスト編集のためのI型カーソルのようなもの）を表示させ、ビューア上でテキストの編集を可能にする機能です。このとき、白い縦線の左右にある文字の間隔が調整できるようになります。詳しい操作方法については、次の「Fusionオーバーレイによるカーニング1（p.229）」を参照してください。

「Allow manual positioning」は、選択した文字（1文字でも連続した複数の文字でも可）の位置を上下左右に自由に移動できるようにする機能です。文字の位置はマウスでもキーボードでも調整できます。この機能の詳しい操作方法については、「Fusionオーバーレイによるカーニング2（p.230）」を参照してください。

> **用語解説：カーニング**
>
> 文字間隔が自然に見えるように、隣り合う文字の間隔を個別に調整することをカーニングと言います。それに対して、テキストのクリップ全体の文字間隔をまとめて調整することをトラッキングと言います。

カットページとエディットページでテキスト+のFusionオーバーレイを表示させるには次のように操作してください。

▶ カットページでの操作

1 テキスト+のクリップを選択する

タイムライン上で、Fusionオーバーレイを表示させたいテキスト+のクリップを選択します。テキスト+がビューアに表示されるように、再生ヘッドをそのクリップの上に移動させてください。

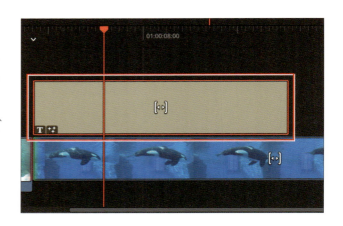

2 「ツール」アイコンをクリックする

ビューアの左下にある「ツール」アイコンをクリックすると、映像のすぐ下にクリップツールが表示されます。

3 「エフェクトオーバーレイ」をクリックする

表示された各種ツールのアイコンのうち、一番右側にある「エフェクトオーバーレイ」をクリックしてください。

4 左端のスイッチを赤くする

クリップツール下段の左端にあるスイッチが赤くなっていない場合は、クリックして赤くしてください。

Chapter 4 | テキストに関連する作業　227

5 「Fusionオーバーレイ」をクリックする

クリップツール下段の右側にある「Fusionオーバーレイ」をクリックするとFusionオーバーレイが表示されます。

▶ エディットページでの操作

1 テキスト+のクリップを選択する

タイムライン上で、Fusionオーバーレイを表示させたいテキスト+のクリップを選択します。テキスト+がビューアに表示されるように、再生ヘッドをそのクリップの上に移動させてください。

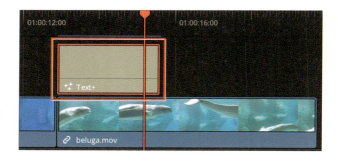

2 ビューア左下のメニューから「Fusionオーバーレイ」を選択する

タイムラインビューア下部の一番左にあるアイコンをクリックして「Fusionオーバーレイ」を選択すると、Fusionオーバーレイが表示されます。

> **ヒント：メニューからも選択できる**
> Fusionオーバーレイは、「表示」メニューの「ビューアオーバーレイ」→「Fusionオーバーレイ」を選択しても表示させられます。

Fusionオーバーレイによるカーニング1

　ここでは、Fusionオーバーレイを表示させた状態で「Allow typing in preview（プレビューでの文字入力を許可する）」の機能を使ってカーニングを行う方法を解説します。

　「Allow typing in preview」の機能を有効にするには、Fusionオーバーレイを表示させた状態でテキスト上をダブルクリックするか、ビューア上を右クリックして「Template: >」→「Allow typing in preview」を選択してチェックされている状態にしてください。テキストに白い縦線（テキスト編集のためのI型カーソルのようなもの）が表示され、「Allow typing in preview」が有効になります（ビューア上でテキストの編集が可能になります）。

ダブルクリックか右クリックで選択

Chapter 4 ｜ テキストに関連する作業　229

> **補足情報：Fusionページではツールバーからも選択可能**
>
> 上記の操作方法は、カットページ・エディットページ・Fusionページで共通しています。それに加えてFusionページでは、ビューア左上にある「Text+ツールバー」の一番左にある「Allow typing in preview」アイコンをクリックして選択することで、この機能を有効にすることもできます。
>
>

▶ カーニングする

文字間隔を調整したい隣接する2文字の間をクリックして、そこに白い縦線を移動させます。その状態で［option（Alt）］キーを押しながら［←］キーを押すと文字間隔が狭くなり、［option（Alt）］キーを押しながら［→］キーを押すと文字間隔が広くなります。

白い縦線の両隣りの文字の間隔が調整できる

▶ より細かくカーニングする

文字間隔をより細かく調整したい場合は、白い縦線をその位置に移動させた上で、［option（Alt）］+［command（Ctrl）］キーを押しながら［←］または［→］キーを押してください。

▶ より大きくカーニングする

文字間隔をより大きく調整したい場合は、白い縦線をその位置に移動させた上で、［option（Alt）］+［shift］キーを押しながら［←］または［→］キーを押してください。

Fusionオーバーレイによるカーニング2

ここでは、Fusionオーバーレイを表示させた状態で「Allow manual positioning（手動の位置決めを許可する）」の機能を使ってカーニングを行う方法を解説します。

「Allow manual positioning」の機能を有効にするには、Fusionオーバーレイを表示させた状態でビューア上を右クリックして「Template： ＞」→「Allow manual positioning」を選択してチェックされている状態にしてください。これで、選択した文字の位置を上下左右に自由に移動できるようになります。

右クリックして「Allow manual positioning」をチェック

補足情報：Fusionページではツールバーからも選択可能

上記の操作方法は、カットページ・エディットページ・Fusionページで共通しています。それに加えてFusionページでは、ビューア左上にある「Text+ツールバー」の左から2番目にある「Allow manual positioning」アイコンをクリックして選択することで、この機能を有効にすることもできます。

▶ カーニングする

各文字の下部に表示されている小さな□をドラッグすることで、すべての文字を自由な位置に移動できます。

また、各文字の下部に表示されている小さな□をクリックすると、その1文字を選択できます。文字の上をドラッグすることで、連続する複数の文字を選択することもできます。選択された文字の上下には枠が表示されます。その状態で［↑］［↓］［←］［→］キーを押すことで、それらの文字をまとめて上下左右に移動できます。

各文字の下部に表示されている小さな□と選択済みの文字を示す上下の枠

Chapter 4 | テキストに関連する作業　231

> **ヒント:「Allow typing in preview」を無効にする**
>
> 白い縦線が表示されている状態で［←］［→］キーを押すと、その白い縦線が優先されて移動します。矢印キーで文字を移動させる際は、「Allow typing in preview」を無効にしてください。

▶ より細かくカーニングする

文字をより細かく動かしたい場合は、[shift] + [command (Ctrl)] キーを押した状態で［↑］［↓］［←］［→］キーを押してください。

▶ より大きくカーニングする

文字をより大きく動かしたい場合は、[shift] キーを押した状態で［↑］［↓］［←］［→］キーを押してください。

部分的に色やサイズなどを変える

テキスト+の色やサイズなどを部分的に変更するには、次のように操作してください。

1 テキスト+のクリップを選択してFusionページを開く

部分的に色やサイズなどを変えるテキスト+のクリップをタイムライン上で選択し、Fusionページを開いてください。

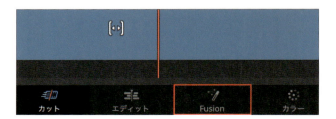

2 右クリックして「文字単位のスタイリング」を選択する

インスペクタが開いていなければ表示させ、テキスト入力欄の内部を右クリックして「文字単位のスタイリング」を選択してください。

3 「モディファイアー」タブをクリックする

インスペクタの最上部右側にある「モディファイアー」タブをクリックします。

4 色やサイズなどを変えたい文字を選択する

色やサイズなどを変えたい文字をビューア上で囲うようにドラッグして選択します。選択された文字は上下に枠が表示され、インスペクタの表示が切り替わります。

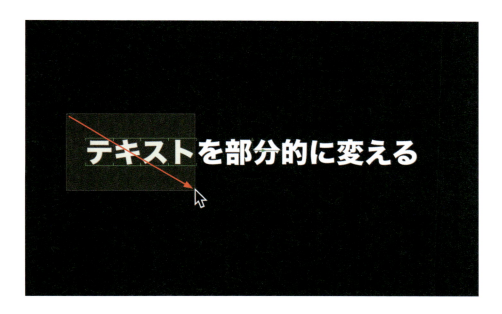

> **ヒント：背景を黒くする方法**
>
> Fusionページの初期状態のビューアは、背景がグレーのチェッカーボード柄になっています。その状態だと誌面では枠線などのコントロールが見えにくくなるため、ここでは背景を黒に変更しています。背景を変更するには、ビューア右上にある「…」メニューから「チェッカーアンダーレイ」を選択してください。

Chapter 4 | テキストに関連する作業　233

5 「テキスト」タブでフォントの種類やサイズを変更する

インスペクタの「テキスト」タブでは、選択しているテキストのフォントの種類やサイズ、色などが変更できます。

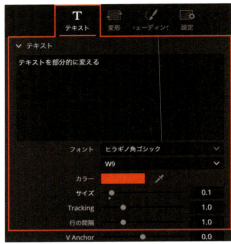

6 必要なら「シェーディング」タブも利用できる

「モディファイアー」タブの内部にも「シェーディング」タブが用意されています。ユーザーインターフェイスは多少異なっていますが、ここでも8つの階層が用意されており、文字本体、文字の縁取り、文字の背景、背景の縁取りを表示させることができます（ただし、2～4の階層にプリセットは割り当てられていません）。

Chapter

5

音に関連する作業

動画においてもっとも重要なのは音声であるとも言われています。この章では、ボリュームのさまざまな調整方法のほか、音声のノイズを減らして聞きやすくする方法、ナレーションの録音の仕方などについて解説します。

5-1 音量の調整

音量の調整は、カットページ・エディットページ・Fairlightページのいずれかで行います。音量を調節する方法はいくつもあり、複数のページで共通している操作方法もあれば、特定のページでなければできない操作方法もあります。ここでは、3つのページで可能な音量調整の方法について説明します。

キーボードでの音量調整

カットページ・エディットページ・Fairlightページでは、共通したキーボードショートカットで音量調整ができます。キーボードを使用すると、再生中でも音量を調整できるので便利です。

キーボードで音量を調整するには、音量を調整するクリップを選択した状態で次のキーを押してください。

機能	Mac	Windows
1dB上げる	[option] + [command] + [=]	[Alt] + [Ctrl] + [=]
1dB下げる	[option] + [command] + [-]	[Alt] + [Ctrl] + [-]
3dB上げる	[option] + [Shift] + [=]	[Alt] + [Shift] + [=]
3dB下げる	[option] + [Shift] + [-]	[Alt] + [Shift] + [-]

これらのショートカットは「クリップ」→「オーディオ」のサブメニューの項目に割り当てられている

> **ヒント：1dB上げると音はどれくらい大きくなるのか？**
>
> 音を1dB上げると、音の大きさは約1.1倍になります。3dB上げると、約1.4倍になります。

> **ヒント：キーボードショートカットはカスタマイズできる**
>
> 日本語キーボードの場合、最初から割り当てられているこれらのショートカットは少々使いにくいかもしれません。DaVinci Resolveではキーボードショートカットは自分の使いやすいように変更可能です。詳しくはChapter 7の「ショートカットキーのカスタマイズ」を参照してください。

| コラム | エディットページのタイムラインで
オーディオ波形が表示されていない場合 |

　エディットページのタイムラインにあるオーディオクリップの波形の表示／非表示は、「タイムライン表示オプション」で切り替えられます。

　「タイムライン表示オプション」のアイコンをクリックすると右側のようなメニューが表示されますので、上から3番目の「オーディオ波形を表示」にチェックを入れてください。

　このチェックが外れていると、波形は表示されません。また、このメニューではビデオトラックとオーディオトラックの高さの調整など、いくつかの表示オプションが用意されています。ここで波形が見やすくなるように調整しておくといいでしょう。

「タイムライン表示オプション」をクリック

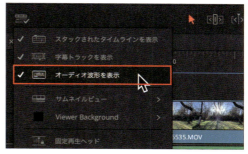

「オーディオ波形を表示」をチェック

| コラム | 波形が見やすいようにトラックの高さを変更する方法 |

　エディットページとFairlightページでは、タイムラインでの音量調整がしやすいようにオーディオトラックの高さを変更することができます。

　オーディオトラックごとに高さを調整するには、トラックヘッダーのトラックの下部（次のトラックとの境界）付近にポインタを移動させてください。ポインタの形状が図のように変化したら上下にドラッグして高さを変更できます。

　オーディオトラックのすべてのトラックの高さをまとめて変更するには、オーディオトラックの上にポインタを置き、[shift]キーを押しながらスクロールの操作を行ってください。

　なお、タイムラインの上で[option（Alt）]キーを押しながらスクロールの操作を行うことで、クリップの幅を伸縮させることができます。

トラックの高さは、トラックヘッダーでドラッグして変更できる

Chapter 5 ｜ 音に関連する作業

タイムラインでの音量調整

エディットページとFairlightページでは、タイムライン上で音量調整ができます。

タイムライン上のオーディオクリップには音量を示す白い横線があります。その線の上にポインタをのせると、ポインタの形状が右のように変化します。この状態で線を上下にドラッグすることで音量を変えることができます。

白い横線を上下にドラッグすることで音量を調整できる

> **補足情報：波形をステレオ表示にする方法**
>
> Fairlightページでは、ステレオ録音されたクリップは2つの波形が上下に並んだ形で表示されます。しかしエディットページの初期状態では、ステレオ録音されたクリップでも波形は1つしか表示されません。エディットページで左右両方の波形を表示させるには、クリップを右クリックして「各オーディオチャンネルを表示」を選択してください。ただし、音声がモノラルで録音されている場合は、この項目は表示されません。

インスペクタでの音量調整

カットページ・エディットページ・Fairlightページでは、インスペクタの「オーディオ」タブで音量調整ができます。

インスペクタで表示されるボリュームスライダー

クリップツールでの音量調整

カットページでは、クリップツールで音量調整をすることができます。

クリップツールを表示させるには、ビューアの左下にある「ツール」アイコンをクリックしてください。クリップを選択した状態でクリップツールの「オーディオ」アイコンをクリックすると、ボリュームスライダーが表示され音量調整ができます。

クリップツールで表示されるボリュームスライダー

キーフレームによる音量調整

エディットページとFairlightページでは、タイムライン上のクリップに音量を示す白い横線が表示されています。実はこの線は、キーフレームを設定することで折れ線グラフのように折り曲げることができます。これによって、1つのクリップ内で音量を変化させることができます。

> **用語解説：キーフレーム**
>
> インスペクタで単純に値を変更すると、クリップ全体を通してその値が維持されます。キーフレームとは、再生中に値を変化させるために「そのフレームの時点での値」を設定したフレームのことを言います。キーフレームによって値が変化するのは、値の異なるキーフレームとキーフレームの間だけです。キーフレームが設定されている2点間では、前のキーフレームの値から次のキーフレームへの値へと値が徐々に変化します。したがって、キーフレームで値を変化させるためには、同じクリップ内の2カ所以上にキーフレームを設定する必要があります。

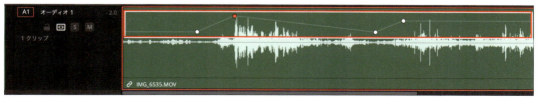

音量を示す白い横線は折れ線グラフのように折り曲げることができる

［option（Alt）］キーを押しながらクリップ上の白い横線をクリックすると、その位置に○が表示されキーフレームが設定されます。○はドラッグして上下左右に移動させることができます。○を削除するには、クリックして選択した上で［delete］キーまたは［backspace］キーを押してください。

> **補足情報：キーフレームはインスペクタでも設定できる**
>
> インスペクタ内の多くの項目はキーフレームに対応しており、音量もインスペクタ内でキーフレームごとに設定できるようになっています。インスペクタでのキーフレームの設定方法については「7-5 その他」の「キーフレームでインスペクタの値を変化させる」（p.333）を参照してください。

> **補足情報：イーズも指定可能**
>
> エディットページでは、○を右クリックすることで「リニア」「イーズイン」「イーズアウト」「イーズイン＆イーズアウト」などが指定できます（状況に応じて指定可能な項目は変化します）。ただし、イーズを指定しても線の見た目に変化はありません。イーズを視覚的に確認しながら微調整したい場合は、次に説明する「カーブエディター」を使用してください。

Chapter 5 ｜ 音に関連する作業

カーブエディターによる音量調整

エディットページでは、キーフレームによる音量を示す線の曲がり角を<mark>なめらかな曲線</mark>に変更できるカーブエディターが使用できます。

カーブエディターを表示させるには、オーディオクリップの右下にあるカーブエディターアイコンをクリックしてください。このアイコンをクリックするたびに、カーブエディターの表示／非表示が切り替わります。カーブエディターはクリップの下に表示されます。

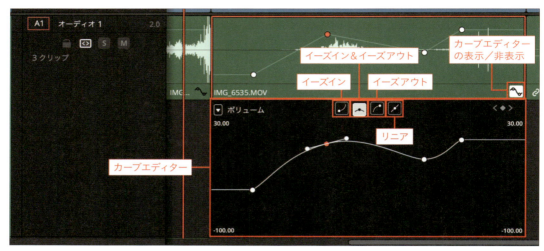

オーディオクリップの右下にあるアイコンで表示されるカーブエディター

> **補足情報：「クリップ」→「カーブエディターを表示」でもOK**
>
> カーブエディターは、オーディオクリップを選択した状態でメニューの「クリップ」→「カーブエディターを表示」を選択しても表示／非表示を切り替えられます。

カーブエディターの上部にはイーズを設定する4つのアイコンが用意されており、○を選択した状態でこれらを押すことでイーズが指定できます。一番右側の「リニア」以外を選択するとその角は曲線になり、カーブを細かく調整できます。

カーブエディターでも［option（Alt）］キーを押しながら白い線をクリックすることで○を追加できますが、カーブエディターの右上にある◆アイコンをクリックすることで再生ヘッドの位置に○を追加することもできます。

Dialogue Levelerによる音量の均一化

インスペクタの「オーディオ」タブにある「<mark>Dialogue Leveler（ダイアログレベラー）</mark>」を使用すると、オーディオクリップから人の声を検出して、大きすぎる声はレベルを下げ、小さな声はレベルを上げることで<mark>人の声の音量を均一化</mark>することができます。この機能は、クリップごとに適

用できるだけでなく、特定のトラックに含まれるすべてのクリップに対して適用することも可能です。またその際、人の声以外の背景音の音量を下げることもできます。

「Dialogue Leveler」を有効にして人の声の音量を均一化するには次のように操作してください。

1 インスペクタを表示させる

はじめに、カットページ・エディットページ・Fairlightページのいずれかでインスペクタが表示されている状態にしてください。

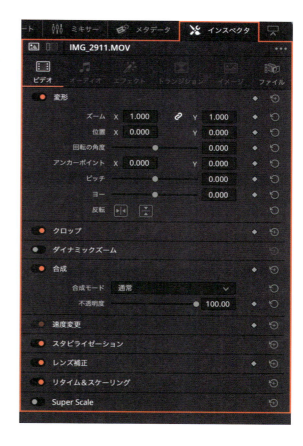

2 タイムラインのクリップまたはトラックを選択する

「Dialogue Leveler」を単体のクリップに適用する場合は、タイムラインにあるそのクリップを選択してください。

単体のクリップではなく、特定のトラックに含まれるすべてのクリップに適用する場合は、インスペクタの左上にある「トラック」アイコンをクリックします。さらに、その状態で適用したいトラックのトラックヘッダーをクリックして、そのトラックが選択されている状態にしてください。

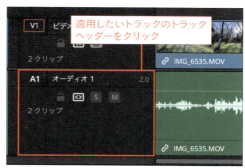

Chapter 5 | 音に関連する作業　　241

3 インスペクタの「Dialogue Leveler」を有効にする

インスペクタの「オーディオ」タブを開き、「Dialogue Leveler」の左に表示されているスイッチのようなものをクリックして赤くします。

4 「Mode」を選択する

「Mode」メニューから、均一化する際のモードを選択します。

このメニューで選択可能なモードは次のとおりです。録音された音声の状態に応じて選択してください。

- **Allow wider dynamics**（広いダイナミクスを許可する）
- **Optimize moderate levels**（中程度のレベルに最適化する）
- **More lift for low levels**（小さい声をより大きくする）
- **Lift soft whispery sources**（ソフトなささやき声を大きくする）

5 不要な項目があればチェックを外す

「Mode」メニューの下には3つのチェック項目があり、初期状態ではすべてチェックされた状態になっています。多くの場合、これらの項目はそのままでかまいませんが、必要があればチェックを外してください。

- **Reduce loud dialogue**（大きな声の音量を下げる）
- **Lift soft dialogue**（小さな声の音量を上げる）
- **Background reduction**（背景音の音量を下げる）

6 「Output Gain」を調整する

必要に応じて「Output Gain（出力ゲイン）」を調整してください。この操作によって、「Dialogue Leveler」を適用した後のクリップまたはトラックの音量を調整できます。

フェードインとフェードアウト

エディットページとFairlightページでは、ビデオクリップをフェードイン・フェードアウトさせるのと同様の操作で音量のフェードインとフェードアウトができます。

フェーダーハンドルを移動させるだけでフェードイン・フェードアウトが可能

　タイムライン上のオーディオクリップの上にポインタをのせると、クリップの左上と右上に白いフェーダーハンドルが表示されます。フェードさせたい側のフェーダーハンドルの上にポインタをのせると、ポインタが「◁　▷」の形状に変わりますので、クリップの中央側に向けて横にドラグするとフェードが適用されます。エディットページでドラッグすると「-01:22（1秒と22フレームでフェードアウト）」のようにどれだけフェードさせているのかが表示され、フェードが適用された範囲は斜めに黒っぽい色に変化します。

> **ヒント：フェーダーハンドルが表示されないときは？**
> トラックの高さが最低限に近い状態になっていると、フェーダーハンドルは表示されません。フェーダーハンドルを表示させるには、トラックを一定以上の高さにする必要があります。

> **ヒント：オーディオクリップの場合は曲線のフェードにできる**
> ビデオクリップをフェードさせた場合は常に直線的な（リニアの）フェードにしかなりませんでしたが、オーディオクリップの場合はフェーダーハンドルとの間にもう1つ○が表示され、それを調整することでフェードを曲線にすることができます。

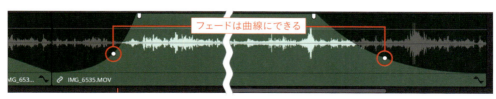

Chapter 5 ｜ 音に関連する作業　　243

音声関連のその他の操作

ここでは、ピンマイクなどで録音したモノラルの音声が左チャンネルからしか聞こえないときの対処法、ノイズを減らしたり急激に大きくなる音量を抑えて人の声を聞きやすくするエフェクトの使用方法、DaVinci Resolveでナレーションなどの音声を直接録音する方法について説明します。

左からしか聞こえない音を両方から出す(トラック)

　ピンマイクを使って撮影された動画など、音声がモノラルのクリップをステレオのトラックに配置すると、左のチャンネルからしか音が聞こえなくなります(モノラルの音声はステレオの左チャンネルにのみ格納されます)。その場合に、音声が左右両方から聞こえるようにする最も簡単な方法は、トラックをモノラルに変更することです。オーディオトラックをモノラルに変更するには、エディットページまたはFairlightページで次のように操作してください。

1 エディットページまたはFairlightページを開く

この操作はカットページでは行えませんので、エディットページまたはFairlightページを開いてください。

2 モノラルにするトラックのヘッダーを右クリックする

モノラルに変更したいオーディオトラックのトラックヘッダーを右クリックします。

3 「Change Track Type to >」から「Mono」を選択する

「Change Track Type to(トラックの種類を変更)」から「Mono」を選択すると、そのトラックの音声はモノラルになります。

244

> **ヒント：トラックヘッダーの「2.0」や「1.0」の意味**
>
> エディットページとFairlightページのオーディオトラックのトラックヘッダーには、「2.0」や「1.0」のような数字が表示されています。この「2.0」はそのトラックがステレオであることを示しており、「1.0」はそのトラックがモノラルであることを示しています。

左からしか聞こえない音を両方から出す（インスペクタ）

　モノラル録音の音声が左チャンネルからしか聞こえない場合、トラックごとモノラルに変更するのではなく、==クリップ単位で==音声が両方のチャンネルから聞こえるようにする方法もあります。
　インスペクタの設定によってモノラル録音のクリップの音声を両方のチャンネルから聞こえるようにするには、カットページ・エディットページ・Fairlightページのいずれかで次のように操作してください。

1 クリップを選択し、インスペクタを表示させる

モノラル録音されたクリップをタイムラインで選択した状態で、インスペクタを表示させます。

2 インスペクタの「ファイル」タブを開く

インスペクタ上部の一番右にある「ファイル」タブを開きます。

3 「Audio Configuration」の「Format」から「カスタム…」を選択する

インスペクタの下の方に「Audio Configuration」という項目があります。そのメニューから「カスタム…」を選択してください。

4 「フォーマット」を「Stereo」にする

「クリップ属性」のダイアログが表示されますので、「フォーマット」を「Mono」から「Stereo」に変更します。

5 「ソースチャンネル」の「<none>」を「エンベデッドch 1」にする

「フォーマット」を「Stereo」に変更すると、「ソースチャンネル」に「<none>」という項目（右チャンネル）が追加されます。これをその上と同じ「エンベデッドch 1」に変更してください。これで左チャンネルだけでなく右のチャンネルからもモノラルの音が聞こえるようになります。

6 「OK」ボタンをクリックする

右下の「OK」ボタンをクリックすると処理の完了です。

左からしか聞こえない音を両方から出す（クリップ属性）

ここでは、「クリップ属性」を変更することによってモノラル録音のクリップの音声を左右両方のチャンネルから聞こえるようにする方法を紹介します。この方法は、エディットページまたはFairlightページで行うことができます。

1 エディットページまたはFairlightページを開く

この操作はカットページでは行えませんので、エディットページまたはFairlightページを開いてください。

2 クリップを右クリックして「クリップ属性…」を選択する

左右両方のチャンネルから音が聞こえるようにしたいクリップを右クリックして「クリップ属性…」を選択してください。

> **ヒント：複数まとめて処理できる**
> クリップは複数選択してまとめて処理することも可能です。また、タイムラインのクリップだけでなく、メディアプール内のクリップをタイムラインに配置する前に処理しておくことも可能です。

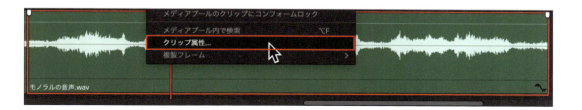

3 「音声」のタブを開く

クリップ属性のダイアログが表示されますので、「音声」のタブを開いてください。

4 「フォーマット」を「Stereo」にする

「フォーマット」が「Mono」になっていますので、「Stereo」に変更します。

5 「ソースチャンネル」の「<none>」を「エンベデッドch 1」にする

「フォーマット」を「Stereo」に変更すると、「ソースチャンネル」に「<none>」という項目（右チャンネル）が追加されます。これをその上と同じ「エンベデッドch 1」に変更してください。これで左チャンネルだけでなく右のチャンネルからもモノラルの音が聞こえるようになります。

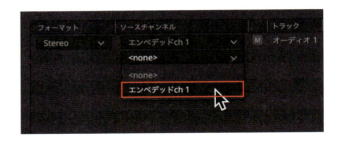

6 「OK」ボタンをクリックする

右下の「OK」ボタンをクリックすると処理の完了です。

ノイズを減らす（ノイズリダクション）

「Noise Reduction」というエフェクトをクリップまたはトラックに適用することで、エアコンの音や風切り音などのノイズを低減させることができます。「Noise Reduction」を適用するには次のように操作してください。

1 「エフェクト」を一覧表示させる

カットページ・エディットページ・Fairlightページのいずれかで「エフェクト」のタブを開き、エフェクトの一覧を表示させます。

2 一覧から「Noise Reduction」を探す

カットページなら「オーディオ」タブの「FairlightFX」の中に、エディットページとFairlightページなら「オーディオFX」の中の「FairlightFX」の中に「Noise Reduction」がありますので、それを探して一覧で見えている状態にします。

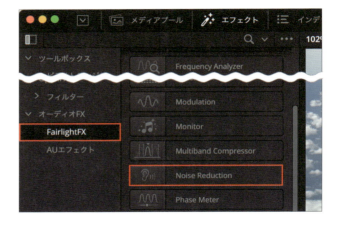

> **ヒント：エフェクトは検索するのが簡単**
>
> エフェクト一覧の右上には検索のための入力欄がありますので、そこで「Noise」の先頭の2文字である「no」を入力してEnterを押すとすぐに「Noise Reduction」が表示されます。また、トランジションやタイトルと同様の操作で「お気に入り」に追加できます。

3 「Noise Reduction」を適用対象にドラッグする

「Noise Reduction」はクリップまたはトラックに適用可能です。クリップの場合はタイムライン上の適用対象のクリップに、トラックの場合は適用対象のトラックのトラックヘッダーにドラッグ＆ドロップしてください。

4 「自動」か「手動」かを選択する

右のような「Noise Reduction」の設定のためのダイアログが表示されますので、まずは処理を「自動」で行うか「手動」で行うかを選択します。「自動」を選択すると人の声が自動的に検出され、それ以外の音をノイズとして低減させます。「自動」を選択した場合、作業はこれで完了します。

「手動」を選択した場合は、続けて次の操作を行ってください。

Chapter 5 ｜ 音に関連する作業　249

5 ノイズだけが再生される位置に再生ヘッドを移動させる

どの音が除去したいノイズなのかをDaVinci Resolveに認識させるために、クリップのノイズだけが聞こえる範囲を再生して分析させる必要があります。はじめに、ノイズだけが聞こえる部分の先頭に再生ヘッドを移動させてください。

6 「分析」ボタンをクリックして分析を開始する

「手動」の右にある「分析」ボタンをクリックしてください。これによって分析が開始されます。

7 ノイズを再生する

スペースキーを押すなどしてクリップのノイズだけが聞こえる範囲の再生を開始すると、その音がノイズとして認識されます。

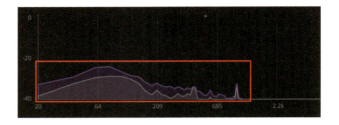

8 ノイズではない音が再生される前に停止する

ノイズ以外の音（出演者の声など）が再生される前に、もう一度スペースキーを押すなどしてクリップの再生を停止してください。

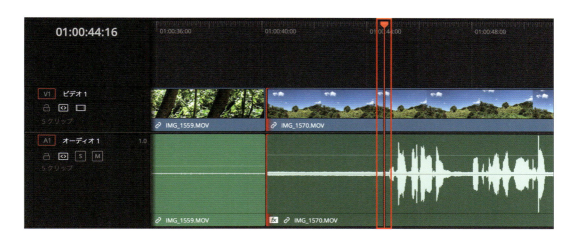

9 「分析」ボタンをクリックして分析を終了させる

「分析」ボタンをクリックして分析を終了させます。DaVinci Resolveがノイズとして認識した音が
グラフ上に紫色で表示され、その音が低減されることを示します。「手動」の作業はこれで完了です。

コラム　エフェクトの削除の仕方と設定ダイアログの開き方

　エフェクトを削除するにはまず、適用したクリップまたはトラックを選択した状態でインスペクタを開いてください（トラックを選択するにはトラックヘッダーをクリックします）。「エフェクト」タブを開き、削除したいエフェクトの名前の右側にあるゴミ箱アイコンをクリックすると、そのエフェクトは削除されます。

　「Noise Reduction」や「Vocal Channel」の設定ダイアログを再度開くには、インスペクタのゴミ箱アイコンの右にあるアイコンをクリックしてください。

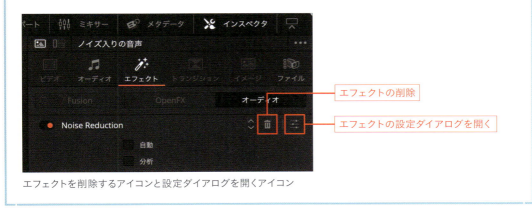

エフェクトを削除するアイコンと設定ダイアログを開くアイコン

Chapter 5 ｜ 音に関連する作業　251

声を聞きやすくする（ボーカルチャンネル）

「Vocal Channel」は、人の話す声を聞きやすくするための専用エフェクトです。具体的には「ハイパスフィルター」「イコライザー」「コンプレッサー」という3種類のエフェクトの組み合わせでできており、ノイズを低減させたり、特定の周波数の音を増減させたり、部分的に大きくなってしまった声の音量を抑えることなどができます。「Vocal Channel」を適用するには次のように操作してください。

1 「エフェクト」を一覧表示させる

カットページ・エディットページ・Fairlightページのいずれかで「エフェクト」のタブを開き、エフェクトの一覧を表示させます。

2 一覧から「Vocal Channel」を探す

カットページなら「オーディオ」の中に、エディットページとFairlightページなら「オーディオFX」の中の「FairlightFX」の中に「Vocal Channel」がありますので、それを探して一覧で見えている状態にします。

> **ヒント：エフェクトは検索するのが簡単**
> エフェクト一覧の右上には検索のための入力欄がありますので、そこで「Vocal」の先頭の2文字である「vo」を入力してEnterを押すとすぐに「Vocal Channel」が表示されます。また、トランジションやタイトルと同様の操作で「お気に入り」に追加できます。

3 「Vocal Channel」を適用対象にドラッグする

「Vocal Channel」はクリップまたはトラックに適用可能です。クリップの場合はタイムライン上の適用対象のクリップに、トラックの場合は適用対象のトラックのトラックヘッダーにドラッグ＆ドロップしてください。

4 「ハイパス」を有効にする

右のような「Vocal Channel」のダイアログが表示されます。エアコンの音や風切り音のような低い音のノイズを低減させたい場合は、ハイパスのトグルスイッチを赤くして有効にしてください。

5 必要に応じて「Equalizer」で微調整する

ダイアログには3バンドのイコライザーも用意されています。特定の周波数帯域の音量を上げ下げすることにより、声を聞きやすくしたり、ノイズを低減させることなどができます。

> **ヒント：イコライザーは中上級者向け**
>
> イコライザーを使いこなすには、人の声やノイズの周波数に関する知識や、イコライザーの操作の経験などが必要となります。よくわからなければ無効にしておいても問題ありません。

Chapter 5 | 音に関連する作業

6 「コンプレッサー」を有効にする

クリップのところどころで声が大きくなっている場合は、コンプレッサーのトグルスイッチを赤くして有効にしておきましょう。これによって、声が大きくなっている部分の音量がある程度抑えられ、声の音量のムラが少なくなります。

7 ダイアログを閉じる

設定が完了したら、ダイアログの左上にある「×」をクリックしてダイアログを閉じてください。

ナレーションの録音（アフレコ）

Fairlightページでは、パソコンに接続したマイクや内蔵マイクで音声を録音して、タイムライン上の任意のオーディオトラックに追加することができます。ナレーションを追加する場合や、言い間違えた部分を録り直す場合などに利用できます。

すでに音声が収録済みのオーディオトラックに重ねて録音しても、元の音声は上書きされずに残るようになっています。そのため、同じトラックの同じ部分に何度も繰り返し録音しても、==あとからその中で一番良いテイクを選んで採用==することができます。

> **ヒント：録音を開始する前にデータの保存先を指定しておこう**
>
> 録音するデータの保存先はプロジェクトごとに指定できます。プロジェクト設定の画面を開き、左側の項目から「キャプチャー・再生」を選択してください。画面の中ほどに「クリップの保存先」という項目がありますので、その下にある「ブラウズ」ボタンを押すと、保存先のフォルダが指定できます（新規フォルダも作成できます）。
> また、録音された音声のクリップは自動的にメディアプールにも入ります。録音されたオーディオクリップがメディアプール内のどこに保存されているのかを調べるには、録音したクリップを右クリックして「メディアプール内で検索」を選択してください（メディアプールでそのクリップが表示された状態になります）。録音前にFairlightページのメディアプールを開き、ビンを選択した状態にしておくと、録音されたオーディオクリップはそのビンの中に入ります。

1 パソコンにマイクを接続して使える状態にする

録音はパソコンの内蔵マイクでも外部マイクでも可能です。外部マイクを使用する場合は接続し、OSごとの設定を行って、そのマイクが使用可能な状態にしておいてください。

macOSの「システム環境設定…」の「サウンド」で内蔵マイクを使用可能にしている例（Windowsの場合は「設定」の「サウンド」で設定します）

2 Fairlightページを開く

録音はFairlightページでのみ可能ですので、Fairlightページを開きます。

3 必要に応じて新しいオーディオトラックを追加する

これから録音する音声のクリップは、新しいトラックに入れても既存のトラックに入れてもかまいません。既存のトラックに入れた場合でも、元の音声データが消えることはありません。元のクリップは、元の状態のままで保存されています。

一般に、新しくナレーションを追加するような場合は、新規にトラックを用意します。すでに収録済みの音声の一部を言い直したり、部分的に追加するだけであれば、同じオーディオトラックに重ねて録音するのが簡単です。

> **ヒント：Fairlightページで新規トラックを追加するには？**
>
> Fairlightページでは、トラックヘッダーを右クリックして「トラックを追加　>」または「トラックを追加…」を選択することで新しいトラックを追加できます。
>
>

> **ヒント：オーディオトラックの音声データは上書きされない**
>
> 既存のオーディオトラックに重ねて録音すると、見かけ上はデータが上書きされたように見えますが、内部的にはすべてのデータが残されています。何度録り直してもデータは追加されるだけで、前のデータが消えてしまうことはありません。詳細はこのあとのコラム「録音したすべてのテイクを表示させるには？」を参照してください。

Chapter 5 ｜ 音に関連する作業

4 「入力/出力のパッチ」ウィンドウを開く

「入力/出力のパッチ」ウィンドウを開く方法は2つあります。画面右側の「ミキサー」が開いている状態であれば、音を入れたいトラックの「入力なし」と書かれた部分をクリックし、「入力…」を選択すると「入力/出力のパッチ」ウィンドウが開きます。「Fairlight」メニューから「入力/出力のパッチ…」を選択しても同じウィンドウが開きます。

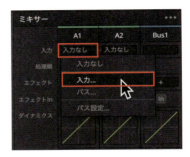

5 「ソース」と「送信先」を設定する

「入力/出力のパッチ」ウィンドウの上部左側にある「ソース」を「Audio Inputs」に、上部右側にある「送信先」を「Track Input」にします。すでにそうなっている場合は、そのままでかまいません。

6 マイクとトラックを選択する

「入力/出力のパッチ」ウィンドウの左側にはパソコンに認識されているマイクが、右側にはオーディオトラックが一覧表示されています。これらのうち、左側からは録音に使用するマイクを、右側からはそのデータを入れるトラックをクリックして白い枠で囲われた状態にください。その際、マイクもオーディオトラックも、ステレオであれば左チャンネルと右チャンネルの2つに分かれていますので、ステレオの場合は2つ選択する必要がある点に注意してください。

補足情報：マイクのラベルが一部しか読めないときは？

上のスクリーンショットでは、録音に使用するマイクのラベルが「Bu…phone」となっていて、何を示しているのかわかりません。このようなときは、そのラベルの上にマウスポインタをのせると、ツールチップが表示されてラベルのすべての文字を確認することができます。この例では「Built-in Microphone（内蔵マイク）」となっています。

7 「パッチ」ボタンをクリックする

ウィンドウの右下にある「パッチ」ボタンをクリックしてください（この「パッチ」は「接続する」という意味です）。これによって入力用のマイクとそのデータを入れるトラックが接続され、録音した声が指定したトラックに自動的に入るようになります。

8 「入力/出力のパッチ」ウィンドウを閉じる

ウィンドウの左上にある「×」をクリックして「入力/出力のパッチ」ウィンドウを閉じてください。

9 トラックを録音待機状態にする

タイムラインのオーディオトラックのうち、これから録音するデータを入れるトラックのトラックヘッダーにある「R」ボタンをクリックして赤くしてください。各種メーターがマイクの音に反応するようになり、いつでも録音を開始できる状態となります。

> **補足情報：トラックヘッダーの「R」「S」「M」ボタンの用途は？**
>
> Fairlightページの「R」ボタンはそのトラックを「録音の待機状態（aRm）」にするときに使用します。「S」ボタンを押すと、そのトラックの音だけが「ソロ（Solo）」で再生され、その他のトラックの音は聞こえなくなります。「M」ボタンを押すと、そのトラックの音は「ミュート（Mute）」され聞こえなくなります。

> **ヒント:「R」ボタンが赤くならないときは？**
>
> マイクとのパッチ（接続）が正しく行われていないトラックの「R」ボタンは赤くなりません。「R」ボタンを押せないときは、「入力/出力のパッチ」ウィンドウを開いてマイクとトラックが正しく接続されているか確認してください。

> **補足情報:「R」ボタンはミキサーにもある**
>
> 画面右側のミキサーにある「R」ボタンも、トラックヘッダーの「R」ボタンと同様に機能します。

10 録音を開始したい位置に再生ヘッドを合わせる

タイムラインの再生ヘッドを録音を開始したい位置に移動させてください。

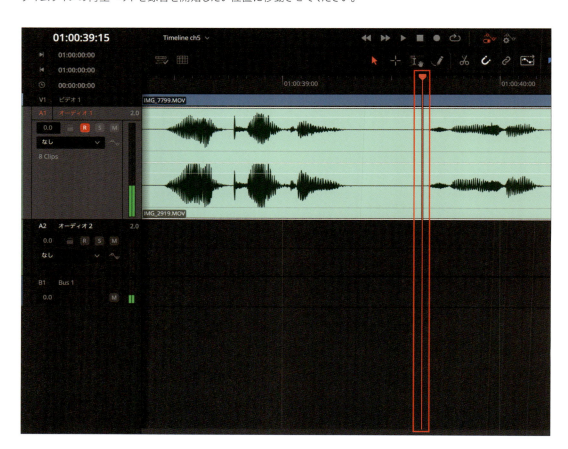

11　録音ボタン「●」を押して録音を開始する

「●」ボタンを押すと、再生ヘッドの位置から録音が開始されます。

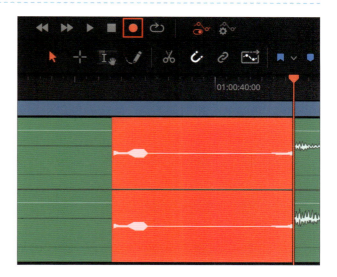

12　停止ボタン「■」を押して録音を終了する

録音を停止するには、スペースキーを押すか「■」ボタンを押してください。10 〜 12 の工程は、必要なだけ何度でも繰り返して行うことができます。録音された音声は上書きされることなく、すべてのデータが残され、その中から一番良いテイクを採用できます。

13　録音待機状態を解除する

録音が完了したら、「R」ボタンを押して待機状態を解除してください。

Chapter 5 ｜ 音に関連する作業

コラム　録音したすべてのテイクを表示させるには？

　同じオーディオトラックの同じ場所で録音を繰り返した場合、見た目は最新のデータで上書きされたように見えますが、内部的にはすべての録音データがそのまま残されています。すべての録音データを見るには、「表示」メニューの「オーディオトラックレイヤーを表示」を選択してチェックされた状態にしてください。録音されたデータは、トラックの中にあるトラックのような状態で、重なって表示されます。下が古い録音で、より新しく録音されたものほど上に表示されています。

　これらの重なったクリップは「オーディオトラックレイヤー」と呼ばれるもので、ビデオトラックを重ねると下のビデオトラックの映像が見えなくなるのと同様に、常に一番上のクリップの音だけが優先して聞こえるようになっています。下のすべてのクリップの（上にクリップがある範囲の）音は、一切出力されません。

　オーディオトラックレイヤーのクリップの階層は上下にドラッグすることで自由に入れ替えられますし、横方向にも移動させられます。また、通常のクリップと同じように削除したりトリミングもできます。オーディオトラックレイヤーを通常の表示に戻すには、「表示」メニューの「オーディオトラックレイヤーを表示」のチェックを外してください。

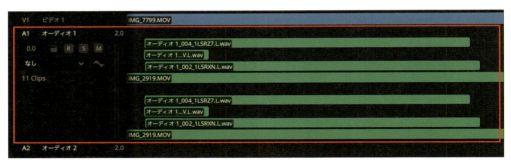

「表示」メニューの「オーディオトラックレイヤーを表示」を選択したときの1つのオーディオトラックの表示

Chapter

6

色の調整

DaVinci Resolveが映画の制作に使用される第一の理由は、色の調整機能が優れているからです。ここでは、一般の人でも使いこなせる範囲に絞って、DaVinci Resolveの基本的な色の調整方法について説明します。

6-1 カラーページの基本操作

色に関係する作業はほぼすべてカラーページで行えます。しかし、カラーページの画面上に書かれている用語やアイコンが何を意味しており、具体的にどうやって使うものなのかを理解するためには、それなりの学習と経験が必要となります。ここではまず、カラーページの画面の全体的な構成を把握し、各領域のおおまかな役割を確認しておきましょう。

カラーページの画面構成

カラーページの画面の構成は、使用しているパソコンのディスプレイの大きさ（Davinci Resolveのウィンドウの大きさ）によって違ってきます。特に、画面が広い場合は画面の下半分に3つのツールを表示できるのに対し、画面が狭い場合は2つしか表示できなくなるなど、表示されるツールやアイコンに違いが出てくる点に注意してください。

画面が広いときの表示

画面が狭いときの表示

広い領域を確保できているときのカラーページの中央には、横いっぱいに並んだクリップの下にタイムラインが配置されています。クリップはタイムラインに配置されている順に並んでおり、ここで選択されているクリップが、その上のビューアに表示され、色調整の対象となります（色の調整はクリップ単位で行います）。クリップとタイムラインの表示／非表示は、画面上部のタブで切り替えることができます。

　ビューアの右横にあるノードには、クリップの色をどのように変更したのかが記録されます。ノードはいくつでも自由に作成でき、区別しやすいように名前をつけることも可能です。たとえば、ノード1には「明るさ」という名前をつけて明るさの変更を記録し、ノード2には「ホワイトバランス」という名前をつけてホワイトバランスの変更を記録、といった使い方ができます。ノードは個別に無効にしたり削除することもできますので、あとから明るさの変更だけを無効にしてやり直すことも可能です。もちろん、1つのノードだけを使用して、そこにすべての変更を記録してもかまいません。ノードの領域の表示／非表示は、画面右上のタブで切り替えられます。

　カラーページには色の調整をするツールが数多く用意されていますが、その中でも特に多く使われるのはプライマリー・カラーホイールとカーブです。色調整をする際には、色の状態をグラフィカルに示すスコープも活用します。

タイムライン：色を調整するクリップを選択
クリップ：色を調整するクリップを選択
ビューア：選択されているクリップの映像を表示
ノード：色の調整データはノードに格納される
カーブ：曲線の操作を中心とした色調整のツール群
スコープ：クリップの現在の色の状態をグラフィカルに表示
プライマリー・カラーホイール：ホイールの操作を中心とした色調整のツール群

　なお、カラーページの画面構成はウィンドウの大きさや使用状況によって大きく変化します。画面を初期状態にリセットしたり、よく使われるツールを表示させる方法については、このあとの解説を参照してください。

画面を初期状態に戻す方法

画面を初期状態に戻すには、「ワークスペース」メニューの「レイアウトをリセット」を選択してください。そのときのウィンドウの大きさに応じて、それぞれ次のような画面構成になります。

> **補足情報：他のページの画面も初期状態に戻る点に注意**
> 「ワークスペース」メニューの「レイアウトをリセット」を選択すると、カラーページ以外のページも初期状態に戻ります。

ウィンドウが広いときの初期状態

ウィンドウが狭いときの初期状態

ウィンドウが狭いときは、画面を初期状態に戻してもカラーホイールは表示されません。また、ウィンドウの大きさにかかわらずスコープは表示されません。それらを表示させる方法については、次の項目を参照してください。

カラーホイール、カーブ、スコープを表示させる

プライマリー・カラーホイール、カーブ、スコープを表示させるには、それぞれ次のアイコンをクリックしてください。

プライマリー・カラーホイール、カーブ、スコープを表示させるアイコン

> **ヒント：カラーホイールは3種類ある**
>
> カラーページには、「プライマリー・カラーホイール」のほかに「プライマリー・Logホイール」と「ハイダイナミックレンジ・カラーホイール」もあります。「プライマリー・カラーホイール」はもっとも基本となるカラーホイールで、映像の暗部・中間部・明部のそれぞれを中心に色相と明るさをコントロールします。それぞれのホイールはあくまで暗部中心・中間部中心・明部中心に変更を行いますので、たとえば暗部中心に変更をすると、中間部も影響を受け、明部にも多少の影響が出ます（変更によって全体の色が不自然になってしまうことを避けるためにそうなっています）。「プライマリー・Logホイール」はそうではなく、映像の暗部のみ・中間部のみ・明部のみを変更できるようにしたホイールです。「ハイダイナミックレンジ・カラーホイール」はHDR・RAW・Logなどの素材に適したホイールで、明るさを6段階に分けて調整できます。

Chapter 6 ｜ 色の調整　265

ビューアモードの切り替え方

　カラーページには、ビューアをより大きく表示させるためのモードが3つ用意されています。それらに表示を切り替えるには「ワークスペース」メニューから「ビューアモード」を選び、そのサブメニューから表示モードを選択してください。おぼえやすいキーボードショートカットも設定されています。もう一度同じモードを選択すると、前の状態に戻ります。

ビューアを通常より大きく表示できる3つのモード

▶ シネマビューア［P］または［command（Ctrl）］+［F］

ビューアをフルスクリーン（全画面）にするモードです。

▶ エンハンスビューア［option（Alt）］＋［F］

ビューアの左右とその下のクリップおよびタイムラインを非表示にすることにより、通常よりも
ビューアを大きく表示させるモードです。

▶ フルページビューア［shift］＋［F］

フルスクリーンに近いですが、画面の上下にタブや一部のコントローラー類が表示される
モードです。

| コラム | カラーコレクションとカラーグレーディング |

カラーコレクションとは映像を<mark>本来の正しい色</mark>になるように補正することを意味し、カラーグレーディングとは<mark>制作者の意図に合わせて色に調整を加えること</mark>を意味します。さらに噛み砕いて言えば、カラーコレクションとは「色の適正ではない部分を直すこと」、カラーグレーディングとは「色に演出を加えること」であるとも言えます。

具体的には、カラーコレクションの作業では「明るさ」「コントラスト」「ホワイトバランス」「彩度」などの補正を行います。カラーグレーディングでは映画でよく見かけるような全体的に青っぽい映像にするなど、制作者の意図に応じてさまざまな処理を行います。作業順序としては、カラーコレクションが先で、カラーグレーディングはそのあとになります。

ノードの役割と使い方

　カラーページでクリップを選択すると、初期状態で1つのノードが用意されています。もし、すべての色調整のデータをその1つのノードに格納するということであれば、ノードのことは特に意識することなく、単純にクリップを選択して自由に色調整をしてもかまいません。初心者の方で、色調整は明るさや彩度を多少変更する程度しか行わない場合などは、とりあえずノードのことは無視して作業することもできます。

　しかし、カラーホイールやカーブを使って明るさやコントラストを細かく調整し、さらに彩度やホワイトバランス、スキントーンなども細部にわたって調整しながら仕上げていくのであれば、必要に応じてノードを追加し、ノードの順番を意識しながらそれぞれの工程を行っていく必要があります。

> **重要**
>
> ノードが複数ある場合は、各ノードの左下にある番号の若い順に（左から順に）ノードの色調整が適用されます。

　ノードを追加するには、ノードを右クリックして「ノードを追加　>」のサブメニューにある「シリアルノードを追加」を選択してください。この場合は右クリックしたノードの直後に新しいノードが追加されます。ノードの表示位置はドラッグして見やすいように変更できます。

　また、キーボードで［option（Alt）］＋［S］を押すことで、新しいノードを追加することもできます。この場合は現在選択されている（赤い枠のある）ノードの直後に新しいノードが追加されます。

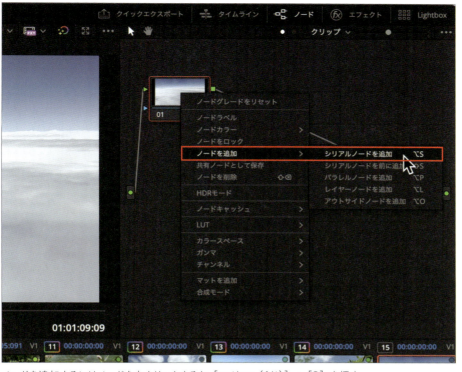

ノードを追加するにはノードを右クリックするか［option（Alt）］＋［S］を押す

> **重要**
> ノードが複数ある場合、色の調整を行っているときに選択されているノードにその調整データが記録されます。赤い枠の表示されているノードが現在選択中のノードです。別のノードを選択するには、そのノードをクリックしてください。

　ノードにはラベル（名前）をつけることができます。どのような色調整を行ったのかがわかるようなラベルをつけておくと、色調整をやり直す場合などに便利です。ノードにラベルをつけるには、ノードを右クリックして「ノードラベル」を選択してください。

　また、ノードの左下にある番号をクリックすることで、そのノードの色調整を無効にすることができます。もう一度クリックすると、有効の状態に戻ります。ノードにラベルがある場合は、ラベルをクリックしても無効／有効を切り替えられます。キーボードショートカットは、ノードを選択した状態で［command（Ctrl）］＋［D］です。

　カラーページでのすべての調整をまとめて無効／有効にしたい場合は、ビューアの上にあるカラフルなアイコンをクリックしてください。キーボードショートカットは［shift］＋［D］です。

6-1 カラーページの基本操作

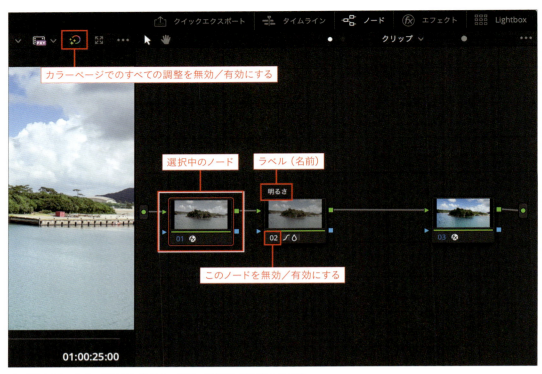

ノードにはラベルをつけることができ、無効／有効も切り替えられる

カラーホイールでの色調整

一般に、カラーページでの色調整の作業において中心的な役割を果たすのが、プライマリー・カラーホイールとカーブです。そしてそれらのうち、初心者でも理解しやすく、直感的な操作もしやすいと思われるのはプライマリー・カラーホイールです。プライマリー・カラーホイールを使用すると、映像の暗部・中間部・明部それぞれの明るさと色相を微調整できるほか、コントラスト、彩度、ホワイトバランスなどの調整も可能です。

4つのカラーホイールの役割

　カラーホイールの主要部分は4つに分かれています。左側の3つ（リフト・ガンマ・ゲイン）はそれぞれ映像の「暗部」「中間部」「明部」を対象に操作するもので、一番右の「オフセット」は映像の「全体」を対象としています。

- リフト　　：映像の暗い部分を中心に調整
- ガンマ　　：映像の中間的な明るさの部分を中心に調整
- ゲイン　　：映像の明るい部分を中心に調整
- オフセット：映像全体を均一に調整

　このリフト・ガンマ・ゲイン・オフセットのホイールでそれぞれ調整できるのは、明るさと色相（色合い）です。明るさはマスターホイール、色相はカラーバランスで調整します。

　これらはそれぞれ個別にリセットできるほか、全体をまとめてリセットすることもできます。

> **補足情報：リフト・ガンマ・ゲインの対象は重なりあっている**
>
> たとえばリフトのマスターホイールは映像の暗い部分を中心に明るさ調整するためのものですが、これによって明るさが変わるのは暗い部分だけではありません。中間部から明部へと、徐々に影響は小さくなりますが、明るさは全体的に変化します。これは、映像を明るさで3段階に分割して特定の段階にだけ変化を与えると、映像が不自然なものになりやすいからです。あくまで暗部・中間部・明部それぞれを「中心に」操作対象としていますので、自然な状態で明るさと色相を調整することができます。

マスターホイールを使った明るさの調整

　一般に、プライマリー・カラーホイールでもっとも多く使用されるのが、マスターホイールです。リフト・ガンマ・ゲイン・オフセットの各マスターホイールを操作して、暗部・中間部・明部・全体の明るさを調整します。各マスターホイールは、左にドラッグすると暗くなり、右にドラッグすると明るくなります。

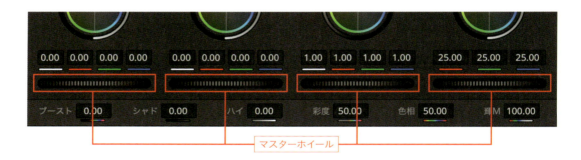

　マスターホイールで明るさを調整する際は、ビューアだけでなくスコープも確認しながら行うのが一般的です。スコープでRGBのそれぞれの輝度の最小値や最大値などの確認をしつつ、ビューアの映像を見て調整します。

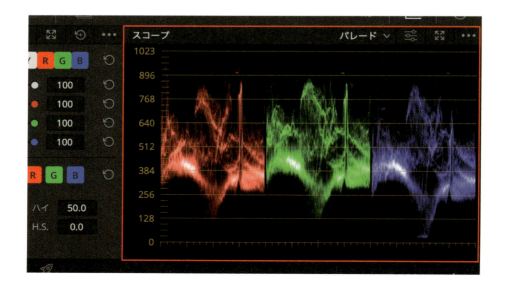

スコープの縦軸の数値の下限である0は黒をあらわし、上限である1023は白をあらわしています。もし0を超えてそれよりも下に色があるとその部分は黒つぶれしていることを示し、逆に1023を超えてそれよりも上に色がある場合は白飛びしていることを示します。黒つぶれしている場合はリフトを上げ、白飛びしている場合はゲイン下げる方向で調整してください。

一般に、映像に黒に近い色が含まれている場合は、リフトのマスターホイールを操作して、スコープのRGBのいちばん暗い部分が0〜128の範囲にくるようにします。それとは逆に、映像に白に近い色が含まれている場合は、ゲインのマスターホイールを操作して、いちばん明るい部分が896〜1023の範囲にくるようにします。黒や白に近い色が含まれていない映像については、その映像に合わせて明るさの最小値と最大値を調整してください。

中間部を調整するガンマについては、多くの場合リフトとゲインの調整を行ったのちに操作します。ガンマの値を変更すると、リフトとゲインにも多少の影響が出ますので、必要に応じてリフトとゲインを再度調整してください。

カラーバランスの操作方法

カラーバランスで色を調整するには、グラフィカルな色相環のインターフェイスを使用するか、その下にあるYRGB（輝度・赤・緑・青）の数値を変更します。これら2つのインターフェイスは連動しており、色相環内の○をドラッグするとその下の数値が変わり、数値を変更すると色相環内の○が移動します。

色相環のインターフェイスは、その内部をドラッグすることにより中心にある○を移動させて色合いを調整します。このとき、点自体をドラッグする必要はありません。中央にある○を色相環の特定の色に近づければ近づけるほど、その色が強くなり、遠くなった色が弱くなります。

色相環内で［shift］キーを押しながらクリックまたはドラッグすると、点がポインタの位置に移動するため、点を大きく移動させられます。また、色相環内をダブルクリックすることで、そのカラーバランスだけをリセットできます。

> **ヒント：カラーバランスとマスターホイールも連動している**
> マスターホイールは、そのすぐ上にあるYRGBの値と連動しており、それら4つ（オフセットのみ3つ）をすべて同じ値だけ上下させることにより明るさの調整を行っています。

自動で色補正をする

カラーホイールの左上にある(A)アイコンをクリックすることで、再生ヘッドの位置にあるフレームを基準にして自動でクリップの色補正を行うことができます。

「自動バランス」アイコンを押すと、クリップの色補正が自動でできる

この機能は完全自動で操作が簡単である反面、映像によってはうまくいかない場合もあります。望むような結果が得られなかったときは、作業を取り消しまたはリセットした上で、手動で色補正を行ってください。

> **補足情報：メニューからも実行可能**
> この機能は「カラー」メニューの「自動カラー」で実行することもできます。キーボードショートカットは［option（Alt）］+［shift］+［C］です。

コントラストの調整

カラーホイールの上部にある「コントラスト」の値を変更することで、クリップのコントラストを調整できます。このとき、コントラストの中心（明るくする側と暗くする側の境界）とする位置を示しているのが「ピボット」です。

> **用語解説：コントラスト**
> 明暗の差の度合いをコントラストと言います。カラーホイールのコントラストを高くすると、明るい部分はより明るく、暗い部分はより暗くなり、映像がくっきりすると同時に彩度も高くなります。コントラストを低くすると、明暗の差が少なくなると同時に彩度が低くなり、ぼやけた印象の映像になります。

> **ヒント：コントラストは「コン」と表示されることもある**
>
> DaVinci Resolveのメイン画面のウィンドウの大きさによっては、「コントラスト」は「コン」のように短く表示される場合があります。これは「コントラスト」に限った話ではなく、他の項目でも短く表記されることがあります。

「コントラスト」とその中心位置を調整する「ピボット」

　一般に、全体的に暗い映像のクリップにおいては、ピボットの値を下げることで黒つぶれを抑えることができます。その逆に、全体的に明るい映像のクリップにおいては、ピボットの値を上げることで白飛びを抑えられます。

> **ヒント：ラベルをダブルクリックするとリセットできる**
>
> たとえばコントラストの「コントラスト」や「コン」などと書かれているラベルをダブルクリックすることで、その項目の値だけをリセットできます。

> **補足情報：コントラストを変更してもスコープの上限と下限が変化しない理由**
>
> プロジェクト設定の「一般オプション」にある「コントラストにSカーブを使用」は初期状態でチェックされた状態になっているため、コントラストを変更してもスコープの上限と下限はほとんど変化しません。このチェックを外すと、コントラストの変更で白飛びや黒つぶれを起こすようになりますので注意してください。

彩度の調整

　カラーホイールの下部にある「彩度」の値を変更することで、クリップの色の鮮やかさを調整できます。この値を0にすると、白黒（グレースケール）の映像になります。

色の鮮やかさを調整する「彩度」

Chapter 6　｜　色の調整　　275

カラーブーストの使い方

カラーホイールの左下にある「カラーブースト」の値を変更することで、彩度の低い部分を対象として、彩度を上げ下げすることができます。わかりやすく言えば、色の薄い部分だけを対象として、色を濃くしたり薄くしたりできる機能です。

> **ヒント：カラーブーストは「ブースト」と表示されることもある**
> DaVinci Resolve のウィンドウの大きさによっては、「カラーブースト」は「ブースト」と短く表示される場合があります。

機能的には「彩度」と似ていますが、「彩度」は映像全体の彩度を一律に上げ下げするのに対し、「カラーブースト」は彩度の低い部分を中心に上げ下げする点が異なります。

「カラーブースト」は薄い色を濃くする機能

ホワイトバランスの調整

ホワイトバランスはカラーバランスコントロールで調整することも可能ですが、「色温（色温度）」を変更することで調整することも可能です。この値を小さくすると青っぽい色になり、大きくすると黄色からオレンジ色になります。この機能を使用して、映像が赤みを帯びている場合は値を小さくし、青っぽい場合は値を大きくすることで色かぶりが修正できます。

> **用語解説：ホワイトバランス**
> 本来は白いはずの部分に色がついていた場合に、補正して白が正しく白く見えるように調整する作業や機能のことをホワイトバランスと言います。

> **用語解説：色かぶり**
> 写真や映像の色調が、実際の色とは違って特定の色に偏ってしまっている状態のことを色かぶりと言います。青味を帯びている（色温度が低い）状態を「青かぶり」、赤味を帯びている（色温度が高い）状態を「赤かぶり」とも言います。

「色温（色温度）」を使うと簡単にクリップの色かぶりを修正できる

ヒント：「ティント」とは？

「ティント」は主に蛍光灯などの人工的な照明のもとで撮影された映像の色かぶりを補正するための機能です。「ティント」の値を小さくすると緑っぽい色になり、大きくするとマゼンタ（あざやかな赤紫）に近い色になります。

ポインタの位置のRGB値を表示させる

ビューア上のポインタの位置のRGB値を表示させるには、次のように操作してください。

ヒント：ホワイトバランスを調整する際に便利

この機能を使用して白い部分のRGB値を確認することで、RGBのどの色が強いか（もしくは弱いか）がわかります。

1 ビューアを右クリックして「ピッカーのRGB値を表示」を選択する

ビューアを右クリックして、メニュー項目の中から「ピッカーのRGB値を表示」を選択してください。

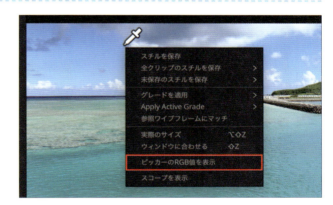

2 RGB値が表示される

ポインタをビューアの上にのせると、ポインタの先にあるピクセルのRGB値がツールチップで表示されます。

補足情報：使用中のツールによっては表示されなくなる

ツールチップによるRGB値は、使用しているツールの種類によっては表示されなくなります。

ColorSliceでの色調整

ColorSlice（カラースライス）は、DaVinci Resolve 19 で新しく追加された最先端の色調整機能です。その最大の特徴は、「明るさを変えることなく彩度を変更できる」という点です（これまでの「彩度」では、彩度と同時に明るさも変化していました）。ColorSliceの新しい「彩度」を使うことで、自然で深みのある鮮やかな色を簡単に再現できます。

ColorSliceについて

切り分けられたピザの一切れのことを英語で「slice（スライス）」と言います。ColorSlice（カラースライス）とは、わかりやすく言うと「ピザを切り分けるように色相環を7つの色に分け、それぞれの色を個別に調整できるようにした機能」のことです。そして7つの色とは、具体的にはRGB（赤・緑・青）とCMY（シアン・マゼンタ・イエロー）とスキントーン（肌色）です。

ColorSliceの画面では、色相環の上から反時計回りに、赤、スキントーン、黄色、緑、シアン、青、マゼンタ、と色相環で隣接している順番に7つの色が調整できるようになっています。隣接している色の境界は、ピザのようにはっきりと分割されているわけではなく、隣接している色はお互いに境界付近の色を重複して含んでいます。

色相環を7つの色に分けて調整できる

しかしColorSliceの最大の特徴は、色相環を分割して調整できる点ではありません。これまでもプライマリー・カラーホイールなどで「彩度」の調整は可能でしたが、ColorSliceにはこれまでとはまったく違う画期的な「彩度」が搭載されているのです（名前は同じ「彩度」でも機能的にはかなり違います）。

278

実はこれまでのプライマリー・カラーホイールなどにあった「彩度」は、彩度を上げると、同時に輝度も上がっていました。つまり彩度を上げれば上げるほど、色が明るくなっていたわけです。そのため、これまでの「彩度」を上げすぎると色が飽和して人工的などぎつい色になってしまうことがありました。

　しかしColorSliceの「彩度」は、彩度を上げても明るさは変化しません。輝度を変化させずに彩度だけを変更できるようになったため、自然で深みのある鮮やかな色が簡単に再現できるようになっています。

プライマリー・カラーホイールで彩度を最大限まで上げた状態

ColorSliceで彩度を最大限まで上げた状態

ColorSliceを表示させる

　カラーページでColorSliceを表示させるには、右のアイコンをクリックしてください。

ColorSliceを表示させるアイコン

ColorSliceの各部の役割

　ColorSliceの画面は、上下に大きく2つに分かれています。画面上部では映像の色全体を調整できるようになっており、その下では色別の調整ができます。

ColorSliceの画面構成

Chapter 6 ｜ 色の調整　279

映像の色全体を調整する各項目の役割は次のとおりです。

映像の色全体を調整する項目

▶ 濃度
彩度の高い部分の明るさを調整します。値を大きくすると暗くなり、値を小さくすると明るくなります。

▶ 濃度深度
左隣の「濃度」で変更する彩度の高い部分の範囲を調整します。

▶ 彩度
明るさを変えることなく、彩度だけを調整します。

▶ 彩度バランス
左隣の「彩度」が、中程度の彩度の色に与える明るさへの影響を調整します。

▶ 彩度深度
左に2つ隣の「彩度」が、色の明るい部分に与える影響を調整します。

▶ 色相
色相を変更します。他のツールにある「色相」と変わらない機能です。

色別に調整可能な項目は右図のとおりです。以下にその各項目の役割について解説します。

色別に調整可能な項目

▶ ハイライト
このアイコンを押している間は、映像の中でこの色の対象となっている領域がハイライト表示されます。この操作をした後にビューアの左上にある「ハイライト」アイコンをクリックすると、アイコンを押し続けなくてもハイライトの状態が続きます。

ビューアの左上の「ハイライト」アイコン

▶ 色相環

色相環の中でこの色の対象となっている範囲を示しています。白っぽくなっている扇型の領域が対象範囲です。この領域の境界は白い線で示されており、その間にある一番太い白い線がこの色の「センター」です。

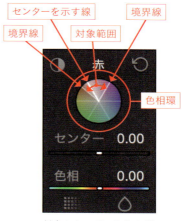

対象となっている色の範囲を示す境界線とセンターを示す線

> **ヒント：境界線は隣の色のセンター**
>
> 右の図で「境界線」として示されている線は、実は隣の色のセンターです。つまり、各色の対象範囲は「その色のセンターから両隣の色のセンターまで」ということになります。そのため、隣の色のセンターの位置を移動させることで、境界線を移動させる（対象範囲を変える）ことが可能です。

▶ センター

この色のセンターの位置を移動させます。この色の境界線の位置を移動させるには、移動させたい境界線の側に隣接する色のセンターを移動させてください。

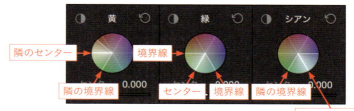

各センターは、その両隣の境界線になる

センターを移動させると、両隣の色の境界線も移動する

▶ 色相

この色の色相を変更します。他のツールにある「色相」と同じ機能です。

▶ 濃度

この色の範囲にある彩度の高い部分の明るさを調整します。値を大きくすると暗くなり、値を小さくすると明るくなります。値を変更するには縦長のバーを上下にドラッグするか、その上にあるアイコンまたは下にある数値を左右にドラッグしてください。数値は直接入力することも可能です。

▶ 彩度

明るさを変えることなく、この色の範囲にある色の彩度だけを調整します。値を変更するには縦長のバーを上下にドラッグするか、その上にあるアイコンまたは下にある数値を左右にドラッグしてください。数値は直接入力することも可能です。

Chapter 6 ｜ 色の調整　　281

カラーページのその他の機能

カラーホイールとColorSliceを使うことで基本的な色調整を行うことはできますが、カラーページにはそれ以外にも多くの機能があります。たとえば、映像をぼかしたりシャープにすることもできますし、あるクリップに適用した色調整とまったく同じものを他のクリップにそのまま適用することもできます。ここでは、カラーホイール以外でできる機能のうち、よく使われる便利なものを紹介しておきます。

ぼかしとシャープ

クリップの映像をぼかしたりシャープにするには、カラーページで次の操作を行ってください。

> **ヒント：ぼかす場合はエフェクトのブラーも有効**
> 映像をぼかすのであれば、カットページやエディットページでブラー系のエフェクトを適用する方法もあります。エフェクトのブラーを使用すると、特定の方向にぼかしたり、放射状にぼかすことなどができます。

1 クリップを選択する

クリップのサムネイルの中から、ぼかしまたはシャープを適用するクリップを選択します。

2 「ブラー」アイコンをクリックする

クリップのサムネイルの下に並んでいるアイコンのうち、「ブラー」アイコンをクリックしてください。

3 範囲のスライダーでぼかしとシャープを調整する

画面下部の領域の一部が、ぼかしまたはシャープを適用する画面に切り替わります。左側の「範囲」と書かれているスライダーを上下させることでぼかしまたはシャープを適用します。上げれば上げるほど映像はぼけていき、下げれば下げるほどシャープになります。

> **ヒント：赤・緑・青のバーは連動して動く**
>
> 初期状態では赤・緑・青のバーは連動して動くようになっています。そのため、赤・緑・青のどのバーを操作してもかまいません。この状態は、左上の「リンク」アイコンをクリックすることで解除できます。

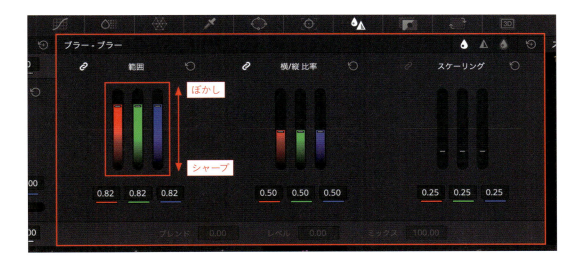

ノードの内容のコピー＆ペースト

色の調整を行ったノードの内容をコピーして、ほかのクリップのノードにペーストすることができます。ノードをコピー＆ペーストするには次のように操作してください。

1 コピーしたいクリップのノードを選択する

ノードの内容をコピーしたいクリップのノードを選択します。

2 コピーする

「編集」メニューの「コピー」を選択するか、[command (Ctrl)] + [C] キーを押します。

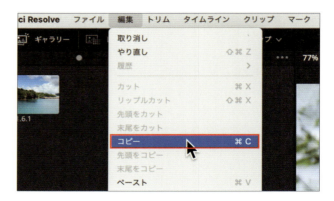

3 ペーストしたいクリップのノードを選択する

ペーストしたいクリップを選択して、さらにペーストするノードを選択します。

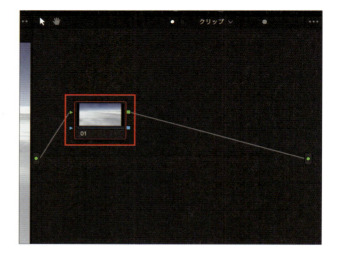

4 ペーストする

「編集」メニューの「ペースト」を選択するか、[command (Ctrl)] + [V] キーを押します。

前のノードの色調整をまるごと適用させる

　1つまたは2つ前の（左側の）クリップの色調整とまったく同じものをまるごと適用させるには次のように操作してください。前のクリップに複数のノードがある場合でも、ノードの構成も含めてまったく同じ色調整が適用できます。

1 色調整をまるごと適用させたいクリップを選択する

はじめに、1つまたは2つ前のクリップとまったく同じ色調整を適用させたいクリップを選択します。

2 「カラー」メニューから「1つ前のクリップのグレードを適用」を選択する

「カラー」メニューの「1つ前のクリップのグレードを適用」または「2つ前のクリップのグレードを適用」を選択してください。ショートカットキーはそれぞれ [shift] + [=] と [shift] + [-] です。

色調整をまるごと他のクリップに適用させる

　任意のクリップの色調整とまったく同じものを、1つ以上のクリップにまとめて適用させるには次のように操作してください（ノードの構成も含めてまったく同じ色調整が適用されます）。

1 色調整をまるごと適用させたいクリップを選択する

はじめに、特定のクリップとまったく同じ色調整を適用させたいクリップ（複数可）を選択します。

2 右クリックして「選択したクリップにこのグレードをコピー」を選択する

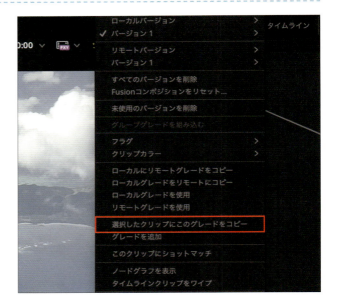

元となる色調整済みのクリップを右クリックして「選択したクリップにこのグレードをコピー」を選択すると、選択したクリップに同じ色調整が適用されます。

Chapter

7

その他の機能

DaVinci Resolveにはプロ向けの膨大な機能が搭載
されています。ここでは、カクカクしてスムーズに再生
されないときの対処法、特別なクリップの活用法、再
生速度を自由自在に変更する方法、映像やテロップを
揺らす方法、モザイクのかけ方、キーフレームの使い
方などについて解説します。

7-1 スムーズに再生させる機能

ここでは、カクカクしてスムーズに再生されない場合の対処法を4つ紹介します。基本的には、色の調整後やエフェクトの適用後に重くなる場合は「レンダーキャッシュ」を「スマート」にし、4Kや60fpsなどの重い素材がスムーズに再生されない場合は「プロキシメディア」を使用するのがよいでしょう。

レンダーキャッシュ

レンダーキャッシュとは、タイムライン上のクリップに変更を加えた際に、その変更が適用された状態の動画データ（キャッシュ）を内部的に新たに生成し、それを使用することでスムーズに再生させる機能です。通常はスムーズに再生されていても、色の調整後やエフェクトの適用後に重くなる場合に使用すると効果のある機能です。

レンダーキャッシュを使用するには、「再生」メニューの「レンダーキャッシュ」から「スマート」を選択してください。この操作は、どのページでも行えます。

「スマート」が選択されているとスマートキャッシュモードになり、再生の負荷の高いクリップのキャッシュが自動生成されるようになります。

> **ヒント：キャッシュされるときには赤い線が表示される**
>
> キャッシュの生成中は、タイムラインの目盛りの下のキャッシュされる範囲に赤い線（キャッシュインジケーター）が表示されます。青くなった線はすでにキャッシュが生成されたことをあらわしています。

> **重要：キャッシュの容量に注意！**
>
> 使い終わったレンダーキャッシュのデータを削除せずにそのままにしておくと、ディスクの空き容量がどんどん減っていきます。作成している動画にもよりますが、1つのプロジェクトで数GB〜数百GB程度のキャッシュが生成されるからです。キャッシュを削除するには、「再生」メニューの「レンダーキャッシュを削除」または「Manage Render Cache...（レンダーキャッシュを管理）」を選択してください。「レンダーキャッシュを削除」では、「すべて...」「使用されていないもの...」「選択したクリップ...」のいずれかを選択できます。「Manage Render Cache...」を選択するとキャッシュを管理するための専用画面が表示され、各プロジェクトのキャッシュの容量を確認した上で、選択したものだけを削除することができます。

> **補足情報：レンダーキャッシュのフォーマットと自動キャッシュのオプション**
>
> 生成するレンダーキャッシュファイルのフォーマットは、「プロジェクト設定」で変更できます。変更するには「マスター設定」のタブを開き、「最適化メディア＆レンダーキャッシュ」のところにある「レンダーキャッシュのフォーマット」から選択してください。

レンダリングして置き換え

「レンダリングして置き換え」は、タイムライン上のクリップを==色調整やエフェクト==などが適用==された状態で書き出して、元のクリップと置き換える機能==です。新しい動画ファイルは指定した場所に書き出すことができ、メディアプールに自動的に追加されます。

レンダーキャッシュは編集中の再生速度を上げるための仮のファイルですが、「レンダリングして置き換え」で作られるのは==新しいビデオクリップ（素材として使用されるメディアプール内のクリップ）==です。「レンダリングして置き換え」で書き出されたクリップは、元の状態（元の素材に色調整やエフェクトなどが適用されている状態）に戻すこともできます。

1 エディットページを開く

はじめに、エディットページに移動します。

> **重要**
>
> 「レンダリングして置き換え」は、エディットページでのみ利用可能な機能です。

2 タイムラインでクリップを選択する

「レンダリングして置き換え」を複数のクリップに適用する場合は、タイムライン上にあるそれらのクリップを選択します。クリップを複数選択した場合は、それぞれが個別のクリップとして書き出されます。1つのクリップに対して適用する場合は、選択する必要はありません。

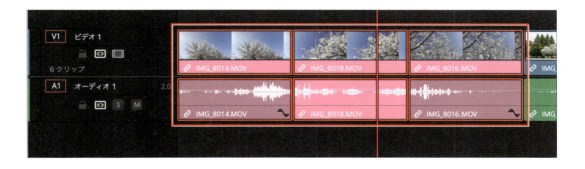

3 右クリックして「レンダリングして置き換え…」を選択する

1つのクリップに対して適用する場合はそのクリップを、複数のクリップを選択している場合はそれらのうちの1つを右クリックして「レンダリングして置き換え…」を選択します。

4 オプションを選択して「レンダー」をクリックする

ダイアログが表示されますので、必要に応じてフォーマットやコーデックを変更し、「レンダー」ボタンをクリックしてください。

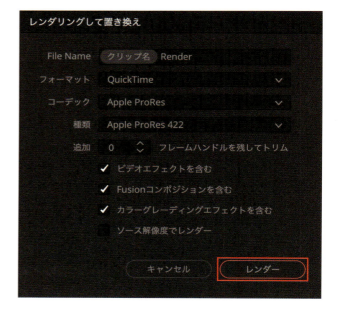

5 書き出す場所を指定する

書き出す場所を指定するダイアログが表示されますので、書き出し先を指定して「Open」ボタン（Macの場合）をクリックしてください。

> **ヒント：クリップを元に戻すには？**
> エディットページのタイムライン上でクリップを右クリックして「オリジナルに分解」を選択すると、クリップが元に戻ります。

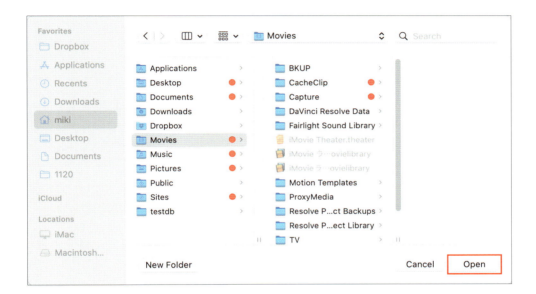

プロキシメディア

4Kや60fpsなどの重い素材をそのままビューアで再生すると、環境によってはカクカクしてスムーズには再生されないことがあります。プロキシメディアとは、そのような場合に作成可能な編集作業用の軽いデータのことです。解像度とフォーマットは「プロジェクト設定」で指定でき、いつでもオリジナルデータと切り替えて使用できます。

プロキシメディアを生成するには、メディアプールで次のように操作してください。なお、この操作はカットページとデリバーページでは行えません。

> **補足情報：最適化メディアとは？**
> DaVinci Resolveには、「プロキシメディア」とよく似た「最適化メディア」という機能も搭載されています。「最適化メディア」はDaVinci Resolveのかなり古いバージョンで搭載された機能で、その機能不足を補うための上位互換の新機能として追加されたのが「プロキシメディア」です。過去に生成した「最適化メディア」を再利用したい場合などを除き、これから使用するのであれば「プロキシメディア」を使用してください。

1 プロキシメディアを生成したいクリップを選択する（複数可）

はじめにメディアプール内で、プロキシメディアを生成したいクリップを選択します。複数のクリップから生成したい場合は、それらをすべて選択してください。

> **補足情報：生成したプロキシメディアを削除するには？**
>
> DaVinci Resolve 19 にはプロキシメディアを削除する機能はありません。「作業フォルダー」の「プロキシの生成場所」で指定してあるフォルダを自分で開き、不要なファイルは手動で削除してください。

> **補足情報：プロキシメディアの解像度・フォーマット・保存場所の変更**
>
> 生成するプロキシメディアの解像度とフォーマットは、「プロジェクト設定」で変更できます。変更するには「マスター設定」のタブを開き、「最適化メディア＆レンダーキャッシュ」のところにある「プロキシメディアの解像度」と「プロキシメディアのフォーマット」のメニューから変更したい項目を選択してください。解像度を「自動選択」にすると、「タイムライン解像度」よりも解像度が大きいクリップだけを対象としてプロキシメディアを生成します。
>
> また、「最適化メディア＆レンダーキャッシュ」のすぐ下にある「作業フォルダー」のいちばん上にある「プロキシの生成場所」という項目の右にある「ブラウズ」ボタンをクリックすることで、初期設定の保存場所を変更することもできます。

2 右クリックして「プロキシメディアを生成…」を選択する

選択したクリップのうちのどれか1つを右クリックして「プロキシメディアを生成…」を選択すると、プロキシメディアが生成されます。選択した元のクリップの数や解像度、フォーマットによっては、すべてのプロキシメディアが生成されるまでに長時間かかる場合があります。

> **ヒント：プロキシメディアとオリジナルデータの切り替え方**
>
> 「再生」メニューには「プロキシ処理」という項目があり、そこから「すべてのプロキシを無効化」「プロキシを優先」「カメラオリジナルを優先」が選択できます。

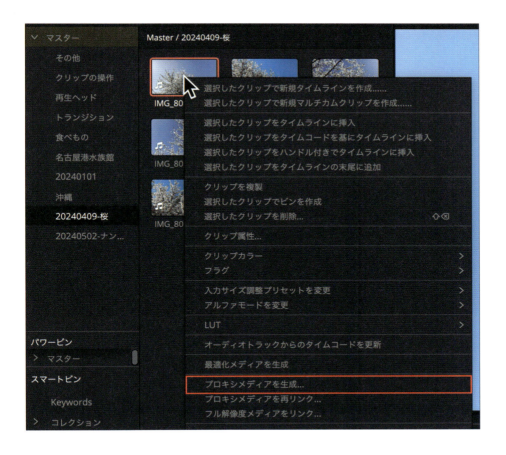

Timeline Playback Resolution

「Timeline Playback Resolution」は、タイムラインの解像度を下げることによって再生をスムーズにする機能です。この機能によって、タイムラインの解像度を一時的に1/2または1/4に下げることができます。ここで紹介した4つの機能のうち、新しいファイルを生成しない唯一の方法ですが、それほど効果が見られない場合もあります。

この機能はどのページでも使用できます。「再生」メニューから「Timeline Playback Resolution」を選択し、そこから「フル」「1/2」「1/4」のいずれかを選択してください。

Chapter 7 ｜ その他の機能　293

7-2 特別なクリップ

DaVinci Resolveには、任意の色の無地の背景として利用できるクリップ（単色）のほか、色の調整や変形などの情報だけをタイムライン上のクリップとは切り離して記録・適用できる便利なクリップ（調整クリップ）も用意されてます。さらに、タイムライン上にある個別の複数のクリップを、まとめて1つのクリップ（複合クリップ）にする機能もあります。

単色

「単色」はシンプルな無地のクリップです。色はインスペクタで自由に設定できます。「単色」はテロップやイラストなどの背景として使用したり、黒以外の色にフェードアウトさせるときなどに活用できます。「単色」を使用するには、次のように操作してください。

1 「ジェネレーター」を一覧表示させる

カットページの場合は画面左上にある「エフェクト」タブを開き、さらにそのすぐ下にある「ジェネレーター」タブを開いてください。エディットページの場合は「エフェクト」タブを開き、「ツールボックス」という項目の中にある「ジェネレーター」をクリックして開きます。

2 「単色」をタイムラインにドラッグする

「ジェネレーター」の中にある「単色」をタイムラインにドラッグ＆ドロップしてください。

> **補足情報：ジェネレーターはクリップ**
>
> 「エフェクト」の中の項目は、通常はクリップの上にドラッグ＆ドロップして使用しますが、「ジェネレーター」はそれ自体がクリップです。他のクリップの上にドラッグ＆ドロップするのではなく、タイムライン上の任意の位置に配置して使用できます。

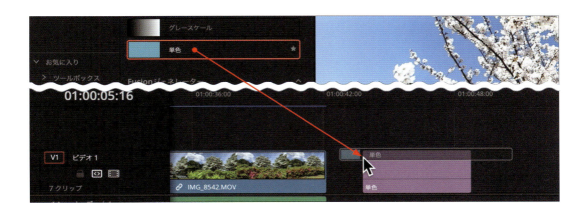

3 インスペクタで色を設定する

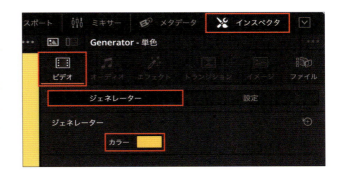

「単色」は初期状態では黒になっています。色を変更するには、「単色」のクリップを選択した状態でインスペクタを開き、「ビデオ」タブの「ジェネレーター」にある「カラー」を変更してください。

> **補足情報：「単色」をカラーページやFusionページで扱うには？**
>
> 「単色」は、そのままの状態ではカラーページやFusionページで扱うことができません。「単色」をカラーページやFusionページで扱えるようにするには、後述する「複合クリップ」に変換する必要があります。

調整クリップ

　カラーページでの色調整や各種エフェクト、インスペクタでのさまざまな調整などは、直接タイムラインのクリップに適用するのではなく、「調整クリップ」を介して適用することもできます。「調整クリップ」は調整情報のみを記録する専用のクリップで、タイムラインに配置すると、「調整クリップ」よりも下のトラックにあるすべてのクリップに同じ調整を適用します（一部適用できないクリップもあります）。

　調整クリップを使用することによって、まったく同じ色調整やエフェクトを複数のクリップに簡単に適用できます。また、適用されるのは「調整クリップ」の幅の範囲だけですので、1つのクリップ内の一部にだけエフェクトなどを適用できる点も便利です。

> **補足情報：すべての調整が記録できるわけではない**
>
> 調整クリップに記録できるのは、カラーページでの色調整のほか、インスペクタでの「変形」「クロップ」「ダイナミックズーム」「合成」などの項目、エフェクトライブラリのエフェクトやプラグイン、Fusionページでのエフェクトです。
> オーディオ関連のエフェクトやインスペクタのタイトル関連の値は記録できませんのでご注意ください。

7-2 特別なクリップ

1 「エフェクト」を一覧表示させる

はじめに画面左上の「エフェクト」タブをクリックして開きます。エディットページの場合は、さらに「ツールボックス」→「エフェクト」を選択してください。

2 「調整クリップ」をタイムラインにドラッグする

一覧表示されたエフェクトの上から2番目に「調整クリップ」がありますので、タイムラインの適用対象とするクリップよりも上のトラックにドラッグ＆ドロップしてください。

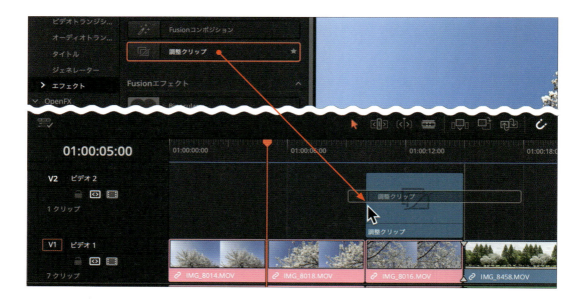

3 「調整クリップ」に調整を適用する

調整クリップを選択して色調整などの調整を記録することで、調整クリップの幅の範囲の下にあるすべてのクリップに同じ調整を適用できます。タイムライン上での「調整クリップ」の位置や幅は自由に変更できます。

> **ヒント：調整クリップを保存するには？**
>
> 調整クリップをタイムラインからメディアプールにドラッグ＆ドロップするとメディアプール内に保存され、他のクリップと同じように使用できるようになります。ただし、メディアプールにドラッグ＆ドロップできるのはエディットページだけです。

複合クリップに変換する

　タイムライン上の複数のクリップを まとめて1つのクリップ （複合クリップ）にするには、次のように操作してください。

　複数のクリップを1つの複合クリップに変換することにより、個別に適用していたインスペクタでの調整が一度で済むようになり、複数トラックに分かれていると適用が面倒だったトランジションも簡単に適用できるようになります。

1 エディットページを開く

複合クリップはエディットページでのみ作成できます。はじめにエディットページを開いてください。

2 複合クリップにするクリップを選択する

複合クリップにするクリップ（1つでも複数でも可）をタイムライン上で選択します。

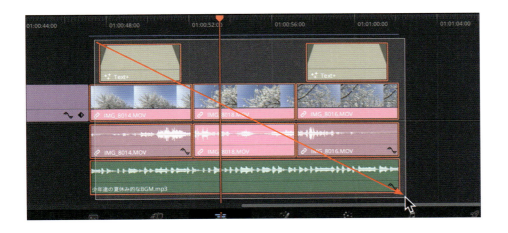

Chapter 7 ｜ その他の機能　　297

3 右クリックして「新規複合クリップ…」を選択する

選択したクリップのうちの1つを右クリックして「新規複合クリップ…」を選択してください。

4 複合クリップの名前を入力する

新規複合クリップを作成するダイアログが表示されますので、名前を入力してください。必要であれば「開始タイムコード」も指定できます。

5 「作成」ボタンをクリックする

ダイアログの右下にある「作成」ボタンをクリックしてください。

6 複合クリップが作成された

最初に選択したクリップがあった位置に「複合クリップ」が作成されます（複数あったクリップが1つのクリップになります）。
作成した複合クリップは自動的にメディアプール内にも入りますが、あらかじめメディアプールでビンを開いていると、複合クリップはその中に格納されます。メディアプール内の複合クリップは、タイムラインの別の場所に配置して使うことも可能です。

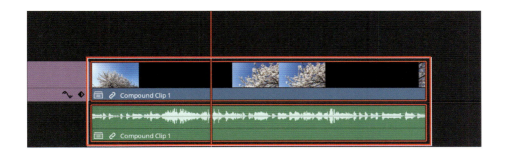

> **補足情報：映像と音声が含まれている複合クリップの表示**
>
> 複合クリップの中に映像と音声の両方が含まれている場合、通常の音声入りのビデオクリップと同じように、エディットページのタイムライン上ではビデオトラックとオーディオトラックに分かれて表示されます。

複合クリップ内のクリップを編集する

複合クリップは、一時的に現在のタイムラインから離れて、独立した専用のタイムライン上で複合前の状態に戻して編集できます。そして編集が完了したら、元のタイムラインに戻って再び作業を続けることができます。

1 右クリックして「タイムラインで開く」を選択する

内容を編集し直したい複合クリップを右クリックして「タイムラインで開く」を選択します。

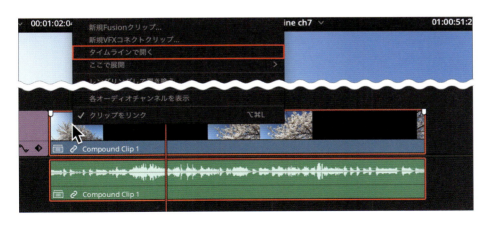

2 複合クリップの内容だけがタイムラインに表示される

タイムラインが切り替わり、複合クリップ内のクリップだけが複合前の状態で表示されますので、自由に編集してください。

7-2 特別なクリップ

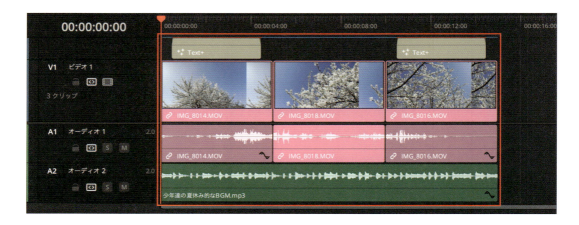

3 元に戻るにはタイムライン名をダブルクリックする

複合クリップの編集を終了して元のタイムラインに戻るには、タイムラインの左下に表示されている元のタイムラインの名前をダブルクリックしてください。

> **補足情報：ビューアの上中央でタイムラインを選択しても戻れる**
>
> 複合クリップの編集中は、ビューアの上中央に「タイムライン選択」というメニューが表示されています。このメニューでタイムラインを選択することで、任意のタイムラインに移動することも可能です。

複合クリップを個別のクリップに戻す

複合クリップを複合前の状態に戻すには、タイムライン上で複合クリップを右クリックして「ここで展開」→「クリップのみ使用」を選択してください。

7-3 リタイムコントロール

DaVinci Resolve でクリップの再生速度を変える方法はいくつかありますが、その中でも最も柔軟で細かい制御が可能なのがこのリタイムコントロールです。1つのクリップの範囲内で何度でも速度を切り替えることができ、しかもその切り替えをなめらかにすることも可能です。ただし、この機能はエディットページ以外では使用できません。

リタイムコントロールの基本操作

はじめに、リタイムコントロールを使ってクリップの再生速度を変えるための基本操作から説明します。

1 エディットページを開く

リタイムコントロールはエディットページでのみ使用できます。はじめにエディットページを開いてください。

2 タイムラインのクリップを選択する

速度を変更するクリップをタイムラインから選択します。

3 [command (Ctrl)] + [R] キーを押す

[command (Ctrl)] + [R] キーを押すと、クリップがリタイムコントロールの表示に切り替わります。「クリップ」メニューから「リタイムコントロール」を選択するか、クリップを右クリックして「リタイムコントロール」を選択しても同じ結果が得られます。

4 クリップの右上をドラッグする

ポインタをクリップの右端（左端も可）の上に移動させると、ポインタの形状が左右に向いた黒い矢印（Windowsは白い矢印）に変化します。その状態で横方向にドラッグすることでクリップの再生速度を変更できます。このとき、クリップの幅を狭くすると速く、広くすると遅くなりますが、これは同じクリップを短い時間で再生させると速くなり、長い時間で再生させると遅くなるということです。

> **補足情報：リタイムコントロールを閉じるには？**
>
> リタイムコントロールを閉じてクリップを普通の表示に戻すには、次のいずれかの操作を行ってください。
>
> ・クリップの左上にあるXボタンをクリックする
> ・[esc] キーを押す
> ・[command(Ctrl)]＋[R] キーを押す（メニューから「リタイムコントロール」を選択する）

> **補足情報：▶▶▶▶▶は間隔と色が変化する**
>
> 速度が100％の場合、クリップには青い▶▶▶▶▶が表示されています。この▶の間隔は速度が100％よりも大きい（速い）と狭くなり、100％よりも小さい（遅い）と広くなります。また、100％よりも小さくなると色が黄色に変わります。

> **補足情報：速度を変更する別の方法**
>
> 速度の変更は、クリップの下中央にある「▼」マークを押すと表示されるメニューの「速度を変更」で行うことも可能です。ただし、ここで選択できる速度は10％、25％、50％、75％、100％、110％、150％、200％、400％、800％ のみです。

> **補足情報：速度を元に戻すには？**
>
> クリップの下中央付近にある「▼」をクリックして「100％にリセット」を選択することで、クリップの速度を元に戻すことができます。また、同メニューの「速度の変更」から「100％」を選択しても同じ結果となります。

クリップ内で部分的に速度を変える

リタイムコントロールを使うと、クリップ全体の速度を変えるだけでなく、クリップ内の一部の速度を変えることもできます。クリップ内の一部の速度を変えるには、クリップ内に「速度変更点」という速度の切り替えポイントを設置する必要があります。速度変更点は必要な数だけ設置でき、クリップの端から隣接する速度変更点まで、もしくは速度変更点から隣接する速度変更点までの速度が個別に設定可能になります。

> **ヒント：速度変更点はカットページでも設置できる**
>
> カットページのクリップツールの「速度」にある「Add Speed Point」のアイコンをクリックすることで、再生ヘッドの位置に速度変更点を追加できます。詳しくは「3-8 クリップツールの使い方」の「速度（再生速度の変更）（p.168）」を参照してください。

1 リタイムコントロールを表示させる

エディットページのタイムラインでクリップを選択し、[command（Ctrl）] + [R] キーを押してリタイムコントロールを表示させます。

2 速度を切り替えたい位置に再生ヘッドを移動させる

「速度変更点」を設置したい位置に再生ヘッドを移動させます。

3 ▼をクリックして「速度変更点を追加」を選択する

クリップの下中央付近にある「▼」をクリックして、いちばん上の「速度変更点を追加」を選択してください。

4 速度変更点が追加される

再生ヘッドの位置に速度変更点が追加されます（速度変更点が見やすいように再生ヘッドの位置を右に移動させています）。

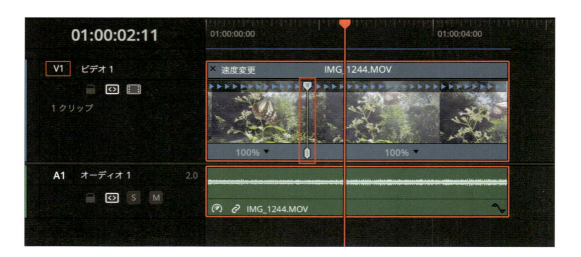

5 速度変更点を操作して部分的に速度を変える

速度変更点の上部と下部にはハンドル（膨らんだ部分）があります。上部のハンドルを使うと、そこから左側の区間の速度を変更することができます（区間の幅を狭くすると速く、広くすると遅くなります）。下部のハンドルは、クリップ内での速度変更点の位置を移動させるために使用します。

> **ヒント：速度変更点を削除するには？**
>
> それぞれの区間の下中央にある「▼」をクリックして「速度変更点を消去」を選択すると、その「▼」の左にある速度変更点が削除されます。

> **ヒント：速度の切り替わりをなめらかにするには？**
>
> リタイムカーブを使用することで、速度の切り替わりをなめらかにすることができます。詳しくは「リタイムカーブの使い方（p.311）」を参照してください。

フリーズフレーム

　リタイムコントロールを使うと、クリップ中の任意の1フレームをフリーズフレームにすることができます。DaVinci Resolveにはフリーズフレームを作る機能が4種類ありますが、「動いていて・止まって・また動き出す」という流れでフリーズフレームを使用したい場合には、==リタイムコントロールのフリーズフレーム==を使用すると便利です。

　また、詳しくはこの後のコラムで解説しますが、スタビライゼーションで拡大（ズーム）されたクリップをそのままの状態でフリーズフレームにできるのは、このリタイムコントロールだけです。

> **用語解説：フリーズフレーム**
>
> 動画内で同じ1つのフレームを繰り返し表示させると静止画のように止まって見えます。そのようにして、動画の中で時間が止まったかのように見せる手法のことをフリーズフレームと言います。

1 リタイムコントロールを表示させる

エディットページのタイムラインでクリップを選択し、[command（Ctrl）] + [R] キーを押してリタイムコントロールを表示させます。

2 フリーズフレームにしたいフレームに再生ヘッドを移動させる

フリーズフレームにしたい（時間が止まったように見せたい）フレームに再生ヘッドを移動させます。

3 ▼をクリックして「フリーズフレーム」を選択する

クリップの下中央付近にある「▼」をクリックして「フリーズフレーム」を選択してください。

4 フリーズフレームの区間が追加される

新しく速度変更点が2つ設置され、その間がフリーズフレームの区間となります（下に「0%」と表示されます）。フリーズフレームしている時間の長さは、右側の速度変更点の上のハンドルを左右にドラッグすることで調整できます。

> **ヒント：フリーズフレームを削除するには？**
> フリーズフレームにした区間の下中央にある「▼」をクリックして「フリーズフレームを削除」を選択すると、フリーズフレームの区間が削除されます。

コラム　　4種類のフリーズフレームの特徴

エディットページでフリーズフレームを生成する方法は4つあり、それぞれ次のような特徴があります。

▶ リタイムコントロールのフリーズフレーム

リタイムコントロールの下部の「▼」をクリックして「フリーズフレーム」を選択することで生成できるフリーズフレームです。この機能を使用すると、クリップの中の1フレームをフリーズフレームにして「動いていて・止まって・また動き出す」という流れの映像が簡単に作成できます。またクリップの長さは、フリーズフレームを追加した分だけ長くなります。

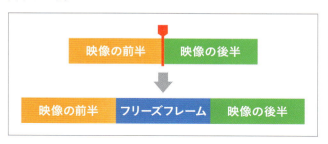

リタイムコントロールのフリーズフレームは、クリップにスタビライゼーションが適用されている場合でもスタビライゼーションによるズームが解除されることはなく、違和感なくつながる映像になります。

▶ 「クリップ」メニューのフリーズフレーム

「クリップ」メニューから「フリーズフレーム」を選択することで生成できるフリーズフレームです。キーボードショートカットは[shift]+[R]です。この機能を使ってフリーズフレームを生成すると、クリップ全体が再生ヘッドの位置のフレームのフリーズフレームになります。クリップの長さは変化しません。

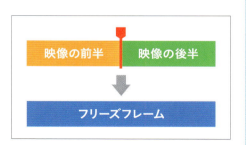

クリップにスタビライゼーションが適用されていた場合、スタビライゼーションによるズームが解除された状態のフリーズフレームになります。

▶ 右クリックして「クリップの速度を変更...」のフリーズフレーム

クリップを右クリックして「クリップの速度を変更...」を選択すると表示されるダイアログの「フリーズフレーム」をチェックすることで生成できるフリーズフレームです。「クリップ」メニューから「クリップの速度を変更」を選択することでも生成でき、キーボードショートカットは[R]です。この方法の場合、選択中のクリップは再生ヘッドの直前で分割され、分割された後半のクリップはすべて再生ヘッドのあるフレームのフリーズフレームとなります。クリップのトータルの長さは変化しません。

スタビライゼーションを適用することによってクリップがズームされていた場合、フリーズフレーム前の映像はズームされた状態が維持されますが、フリーズフレームはズームが解除された状態の静止映像となります。

▶ インスペクタのフリーズフレーム

唯一カットページでも利用可能なフリーズフレームです。インスペクタの「速度変更」の「方向」でフリーズフレームのアイコン※を選択することで生成できます。この方法の場合、選択中のクリップは再生ヘッドの直前で分割され、分割された後半のクリップはすべて再生ヘッドの位置のフレームのフリーズフレームとなります。クリップのトータルの長さは変化しません。

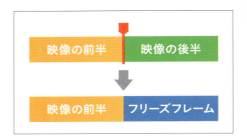

スタビライゼーションを適用することによってクリップがズームされていた場合、フリーズフレーム前の映像はズームされた状態が維持されますが、フリーズフレームはズームが解除された状態の静止映像となります。

逆再生

リタイムコントロールでクリップを逆再生させるには、次のように操作してください。

ヒント：逆再生させる別の方法
リタイムコントロールを使用しなくても逆再生させることは可能です。クリップを選択し、インスペクタの「速度変更」の「方向」で左向きの矢印を選択してください。

1 リタイムコントロールを表示させる

エディットページのタイムラインでクリップを選択し、[command (Ctrl)] + [R] キーを押してリタイムコントロールを表示させます。

2 ▼をクリックして「セグメントを反転」を選択する

クリップの下中央付近にある「▼」をクリックして「セグメントを反転」を選択してください。

3 逆再生になった

クリップが逆再生されるようになり、クリップ上の ▶▶▶▶▶ が ◀◀◀◀ に変わります。また、クリップの下部には「Reverse」と表示されます。

巻き戻し

リタイムコントロールの「巻き戻し」は、クリップの指定した位置に「そこから巻き戻してリプレイさせた映像」を追加する機能です。巻き戻す際の再生速度も指定できます。

1 リタイムコントロールを表示させる

エディットページのタイムラインでクリップを選択し、[command（Ctrl）]＋[R] キーを押してリタイムコントロールを表示させます。

2 巻き戻しを開始させたい位置に再生ヘッドを移動する

巻き戻しを開始させたい位置に再生ヘッドを移動します。巻き戻しを開始させたい位置がクリップの末尾である場合は、**2** と **3** は飛ばして **4** に進んでください。

3 ▼をクリックして「速度変更点を追加」を選択する

クリップの下中央付近にある「▼」をクリックして「速度変更点を追加」を選択してください。

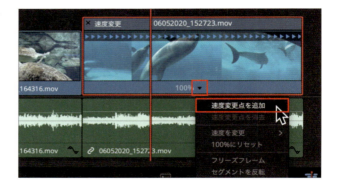

4 ▼をクリックして「巻き戻し」→「○○○％」を選択する

次に、追加した速度変更点の左側にある「▼」をクリックして「巻き戻し」を選択し、サブメニューから巻き戻しの映像の再生速度を選択してください。

5 追加された速度変更点を微調整する

先ほど追加した速度変更点の右側に、巻き戻しの範囲とリプレイの範囲を示す2つの速度変更点が追加されています。巻き戻しの範囲を変更するには、すぐ右に追加された速度変更点の下のハンドルを使って速度変更点を移動させてください。その他、必要に応じて各速度変更点を調整できます。

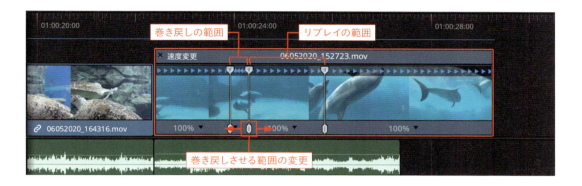

リタイムカーブの使い方

　リタイムカーブは、リタイムコントロールとほぼ同様の機能を グラフのような赤い線を使って操作する ツールです。速度をあらわす直線を曲線に変えることで、速度を滑らかに変化させることができます。スピードランプ（Speed Ramp）と呼ばれるテクニックを使用する際などに便利なツールです。

> **用語解説：スピードランプ**
> 動画の再生速度を速くした直後にスローで再生するなどしてスピードの緩急をつけ、映像を印象的なものに仕上げるテクニック。

1 クリップを右クリックして「リタイムカーブ」を選択する

エディットページのタイムラインでクリップを右クリックして「リタイムカーブ」を選択し、チェックを入れた状態にします。このとき、リタイムコントロールも表示させておくと、より分かりやすい状態で操作できます。

Chapter 7 ｜ その他の機能　311

補足情報：[shift] + [C] でも開ける

リタイムカーブは、クリップを選択した状態で「クリップ」メニューの「カーブエディターを表示」を選択しても開くことができます。キーボードショートカットは [shift] + [C] です。これを押すたびに開いたり閉じたりします。

2 リタイムカーブの左上の「▼」をクリック

クリップの下にリタイムカーブが表示されますので、左上にある「▼」をクリックしてください。

ヒント：▼ が表示されていないときは？

リタイムカーブの左上にある「▼」は、タイムラインのクリップの表示幅が狭すぎると表示されません。「▼」が表示されていないときは、クリップの表示幅を広くしてください。

補足情報：リタイムカーブの閉じ方

クリップを右クリックして「リタイムカーブ」のチェックを外すとリタイムカーブが閉じます。

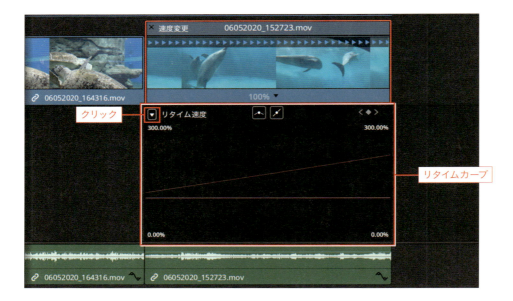

3 メニューから「リタイム速度」を選択する

表示されたメニューにある「リタイム速度」を選択してチェックを入れてください。

補足情報：リタイムフレームとリタイム速度について

リタイムカーブに初期状態で表示されている「リタイムフレーム」の線は初心者には扱いにくいので、2と3の工程で直感的に理解しやすい「リタイム速度」の線を表示させています。リタイムフレームは、左上の「▼」をクリックしてチェックを外し、非表示にしてかまいません。

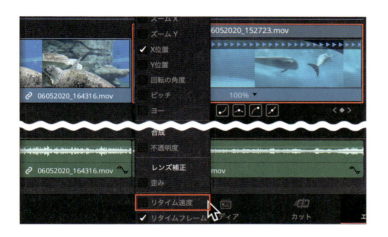

4 必要なら水平線を上下させて速度を調整する

リタイム速度の水平で赤い線は、上にドラッグすると上げた分だけ速度が速くなり、下げるとその分だけ速度が遅くなります。その際、速度の変化に合わせてクリップの幅も変化します。ドラッグ中は、その時点での速度がツールチップで表示されます。

> **ヒント：線が見えなくなったときは？**
>
> 線を極端に上げたり下げたりすると、線が見えなくなることがあります。そうなったときは、リタイムカーブの領域の四隅にある%表示の部分を横にドラッグして上下の表示範囲を調整してください。

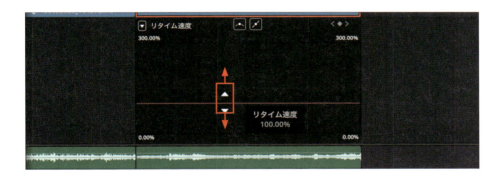

5 必要なら速度変更点を追加する

リタイム速度の線に速度変更点を追加するには、再生ヘッドを追加する位置に移動させ、右上の「＜◇＞」の「◇」をクリックしてください。

> **ヒント：速度変更点を削除するには？**
>
> 速度変更点をクリックして選択し、[delete] キーを押すと削除されます。

> **ヒント：[option（Alt）] ＋ クリックでも追加できる**
>
> 速度変更点は、[option（Alt）] キーを押しながら赤い線をクリックすることでも追加できます。

リタイム速度では、速度変更点はキーフレームと同様に白い丸「○」で表示されます（選択すると赤くなります）。この○はドラッグして横方向に移動させることができます。速度を変更するには、速度変更点の間の水平線を上または下にドラッグしてください。

> **補足情報：右上の「＜◇＞」の使い方**
>
> リタイムカーブの領域の右上にある「＜◇＞」のうち、「＜」と「＞」は再生ヘッドを左隣または右隣の速度変更点に移動させるために使用します。再生ヘッドが速度変更点の上にある状態で「◇」をクリックすると、その速度変更点は削除されます。

6 必要なら直角の線を曲線にする

速度変更点をクリックして選択し、リタイムカーブの領域の上中央付近にある曲線のアイコンをクリックすることで、直角の線をなめらかなカーブに変えることができます（これによって速度もなめらかに変化するようになります）。この曲線は、一般的なアプリケーションと同様にハンドルで微調整できます。

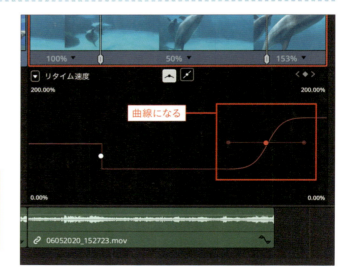

> **ヒント：曲線を直角の線に戻すには？**
>
> 「○」を選択した状態で、曲線のアイコンの右側にある直線のアイコンをクリックすることで、曲線のカーブを直角に戻すことができます。

7-4 エフェクトの活用

DaVinci Resolveには、多くの便利なエフェクトが搭載されています。ここでは、クリップを簡単にワイプとして表示させるエフェクト、映像やテロップを揺らすエフェクト、映像の一部にモザイク（ぼかし）をかけるエフェクトの使い方を紹介します。モザイクは、動く被写体を追尾させることも可能です。

クリップをワイプにする（DVE）

クリップをワイプにするには次のように操作してください。

1 「エフェクト」を一覧表示させる

カットページまたはエディットページで「エフェクト」のタブを開き、エフェクトの一覧を表示させます。

2 「DVE」をワイプにしたいクリップにドラッグする

カットページなら「Fusionエフェクト」の中に、エディットページなら「ツールボックス」→「エフェクト」→「Fusionエフェクト」の中に「DVE」というエフェクトがありますので、タイムライン上のワイプにしたいクリップにドラッグ＆ドロップしてください。

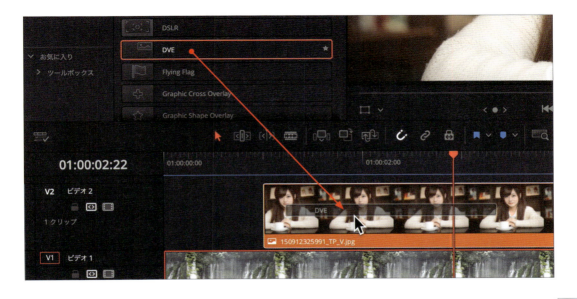

Chapter 7 | その他の機能 315

3 ワイプになった

クリップがワイプになって、映像の右上に表示されます。

女性の写真は、フリー素材ぱくたそ（https://www.pakutaso.com/20150931259post-6053.html）の素材を使用しています

4 インスペクタで表示を調整する

タイムラインでワイプにしたクリップを選択した状態でインスペクタを表示させ、「エフェクト」タブにある「DVE」を開きます。ここでワイプの位置や大きさ、枠線の色、角を丸くするかどうかなどを設定できます。

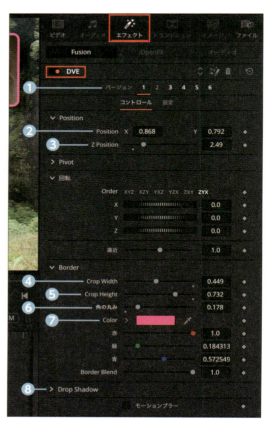

ヒント：ワイプの内部の映像は「ビデオ」タブで設定

ワイプ内の映像の拡大縮小や位置の調整については、インスペクタの「ビデオ」タブにある「ズーム」や「位置」で行ってください。

① バージョン

ワイプの配置位置のプリセットが6種類用意されています。1を選択すると右上、2を選択すると左上、3を選択すると左下、4を選択すると右下にワイプが配置されます。5と6を選択すると、映像の中央に大きく3D風に配置されます。

② Position X Y

Xでワイプの横方向の位置、Yで縦方向の位置を調整できます。

③ Z Position

ワイプの大きさを指定します。ここで指定する値はZ軸上のワイプの位置を示しており、値を大きくするほどワイプは遠くなって小さくなります。

④ Crop Width

ワイプの左右をクロップして、幅を狭くします。

⑤ Crop Height

ワイプの上下をクロップして、高さを低くします。

⑥ 角の丸み

枠線の角の丸みを指定します。0は丸くない状態で、値を大きくするほど丸くなります。

⑦ Color

枠線の色を指定します。

⑧ Drop Shadow

この項目を開くと、ワイプの影の設定ができます。影の濃さ（強度）、表示させる方向（角度）、移動させる距離、ぼかし具合（ブラー）、色などが設定できます。

コラム　ワイプの枠線の太さを変える方法

DVEの枠線の太さを変更するにはFusionページでDVEを開く必要があります。インスペクタでDVEを表示させた状態で、右図のアイコンをクリックしてください。

FusionページでDVEを開くボタン

Fusionページが開くと、左下にノードが3つ表示されます。真ん中の「DVE」と書かれたノードをダブルクリックしてください。

「DVE」のノードが展開されて、7つのノードが表示されます。その中の左上にある「Rectangle1_1」をクリックして選択します。

この状態でインスペクタを表示させると、「境界線の幅」という項目があります。この値を変更すると、枠線の太さが変わります。

ヒント：エフェクトの削除

エフェクトを削除するには、エフェクトを適用したクリップを選択した状態でインスペクタの「エフェクト」タブを開いてください。削除したいエフェクトの名前の右側にあるゴミ箱アイコンをクリックすると、そのエフェクトは削除されます。

7-4 映像やテロップを揺らす（カメラシェイク）

映像やテロップなどを揺らすには次のように操作してください。

1 「エフェクト」を一覧表示させる

カットページまたはエディットページで「エフェクト」のタブを開き、エフェクトの一覧を表示させます。

2 「カメラシェイク」を揺らしたいクリップにドラッグする

カットページなら「ResolveFX フィルムエミュレーション」の一番上に、エディットページなら「OpenFX」→「フィルター」→「ResolveFX フィルムエミュレーション」の一番上に「カメラシェイク」がありますので、タイムライン上の揺らしたいクリップにドラッグ&ドロップしてください。

> **ヒント：映像とテロップの両方を揺らしたいときは？**
>
> 映像とテロップよりも上のトラックに調整クリップを配置して、「カメラシェイク」を調整クリップに適用してください。そうすることで、調整クリップの下のすべてのクリップを同時に揺らすことができます。揺らしたくないクリップがある場合は、そのクリップを調整クリップの上のトラックに移動させてください。

3 インスペクタで表示を調整する

「カメラシェイク」を適用したクリップを選択した状態でインスペクタを表示させ、「エフェクト」タブの「OpenFX」タブにある「カメラシェイク」を開きます。ここで揺らし方を微調整できます。

① 動きの大きさ
基本的な揺れの大きさを指定します。

② 速度
基本的な揺れの速度を指定します。この項目の最大値よりも揺れを速くしたい場合は、⑦の「PTR速度」の値を大きくしてください。

③ モーションブラー
映像にモーションブラー（被写体ブレ）を加えて、よりリアルに見えるようにします。

④ パンのレベル
横方向にどれだけ揺れるかを指定します。

⑤ ティルトのレベル
縦方向にどれだけ揺れるかを指定します。

⑥ 回転のレベル
揺れに回転の動きを加え、その度合いを指定します。

⑦ PTR速度
「パン」「ティルト」「回転」の動きの速度を指定します。

⑧ ズームのレベル
揺れにズームの動きを加え、その度合いを指定します。

⑨ ズーム速度
ズームの動きの速度を指定します。

⑩ ズームの種類
ズームの方向を「外方向のみ」「内方向のみ」「外方向&内方向」から選択できます。

7-4 モザイクのかけ方1（固定位置）

映像の一部に固定的にモザイクやぼかしをかけるには、次のように操作してください。

1 カラーページを開く

はじめにカラーページを開きます。

2 モザイクをかけるクリップを選択する

モザイクをかけるクリップをクリックして選択します。

> **ヒント：モザイクは調整クリップにも適用できる**
>
> クリップの最初から最後までモザイクをかけっぱなしにするのであれば、ここでそのビデオクリップを選択してください。クリップの途中までや途中からなど、クリップの一部にしかモザイクをかけないのであれば、上のトラックのモザイクをかけたい範囲に調整クリップを配置して、その調整クリップを選択してください。ただし、調整クリップを選択した場合は、モザイクを追尾させることはできません。

3 ノードを追加する

モザイクは、新しくモザイク用のノードを追加してそこに適用した方が後々便利です。ノードを追加するには、ノードを右クリックして「ノードを追加」→「シリアルノードを追加」を選択するか、[option（Alt）] + [S] を押してください。

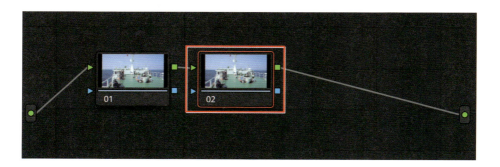

4 「ウィンドウ」アイコンをクリックする

「ウィンドウ」アイコンをクリックしてください。この「ウィンドウ」は「パワーウィンドウ」の略で、パワーウィンドウはモザイクやぼかしをかける領域を指定するために使用します。

> **ヒント：パワーウィンドウについて**
> パワーウィンドウは、映像の中の操作対象とする領域を限定するためのツールです。パワーウィンドウで領域を指定してから明るさを変えたり、色を変更したり、モザイクをかけたりすると、それらの操作はその領域だけに適用されます。領域の境界線は、指定した範囲にぼかしがかかります。パワーウィンドウは、トラッカーを併用することで適用対象を追尾させることもできます。

5 使用するパワーウィンドウをクリックして有効化する

あらかじめ5種類のパワーウィンドウのプリセットが用意されていますが、これらは初期状態では無効の状態になっています。この中から、モザイクをかける領域の範囲指定に使用したいもののアイコンをクリックして有効化してください。

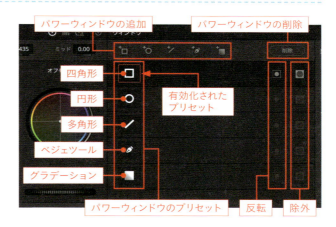

四角形	初期状態では長方形で表示されますが、辺や角の○をドラッグして台形や平行四辺形などに変形できます。内部をドラッグすることで形状を変えずに移動でき、中心から出ている線で回転させることもできます。
円形	初期状態では円形で表示されますが、○をドラッグすることで楕円にもできます。四角形と同じ方法で移動と回転ができます。
多角形	初期状態では長方形で表示されますが、辺をクリックするとその位置に○が追加され、それをドラッグすることで多角形にすることができます。
ベジェツール	ベジェ曲線で自由に図形を描けるツールです。ビューア上をクリックまたはドラッグするまでは何も表示されません。
グラデーション	映像を直線で2つに区切り、一方だけにモザイクをかけたいときに使用するツールです。選択するとT字型のツールが表示され、真ん中の矢印の長さの範囲だけ境界をグラデーションのようにぼかします。矢印の長さは自由に調整でき、これを使って境界線を回転させることもできます。モザイクは矢印の反対側に適用されます。

5種類のパワーウィンドウのプリセットの特徴

有効化されたプリセットのアイコンには赤い枠が表示され、ビューア上にはそのプリセットのオンスクリーンコントロールが表示されます。

四角形のオンスクリーンコントロール

> **ヒント：パワーウィンドウは複数指定できる**
>
> たとえば3人の顔にそれぞれ個別のモザイクをかけたい場合には、ビューア内に円形を3つ配置できます。1つめの円形は<mark>プリセットを有効化</mark>して使用し、残りの2つはその上にある「<mark>パワーウィンドウの追加</mark>」ボタンで追加してください。追加した分のパワーウィンドウはプリセットの下に表示され、無効にしたり、反転・除外なども指定できるようになります。また、1つのノードで複数のパワーウィンドウを使用するのではなく、新しく別のノードを作成してそこで新たに別のパワーウィンドウを使用することもできます。

> **ヒント：パワーウィンドウの有効／無効の切り替えと削除**
>
> パワーウィンドウは、そのアイコンをクリックするたびに有効と無効が切り替わります。赤い枠で囲われているのが現在有効となっているパワーウィンドウです。パワーウィンドウを削除するには、<mark>削除したいパワーウィンドウを選択した（アクティブにした）</mark>状態で削除ボタンを押してください。なお、削除ボタンで削除可能なのは、後から追加したパワーウィンドウのみです。プリセットのパワーウィンドウは削除できません。

> **ヒント：パワーウィンドウを使った反転と除外**
>
> 各パワーウィンドウの右側には「反転」ボタンと「除外」ボタンがあります。「反転」ボタンは、<mark>ウィンドウで選択している領域の範囲を反転</mark>させる際に使用します。たとえば、四角形を反転させると、四角形の外側にのみモザイクがかかるようになります。「除外」ボタンは、<mark>そのパワーウィンドウの領域だけモザイクがかからないようにしたい</mark>ときに使用します（モザイクをかけているパワーウィンドウに「除外」ボタンを押した状態の別のパワーウィンドウを重ねると、そこだけモザイクがかからなくなります）。

6　モザイクをかける領域にパワーウィンドウの形状を合わせる

モザイクを適用したい領域をしっかりと覆うようにパワーウィンドウの位置と形状を調整してください。パワーウィンドウは内部もしくは中心の点をドラッグすることで移動でき、まわりの○で形を変えられます。

ヒント：パワーウィンドウの外側と内側の細い線は何をするもの？

太くて白い線が基本的なパワーウィンドウの形状をあらわしており、その外側と内側にあるグレーの細い線は「境界をぼかす範囲（ソフトネス）」をあらわしています。パワーウィンドウが四角形または円形の場合は最初から表示されていますが、ベジェツールの場合はソフトネスの数値を大きくすることでビューア上で表示されるようになります。多角形はビューア上ではグレーの細い線は表示されませんが、ソフトネスの数値を変更することでぼかしは適用されます。グラデーションのぼかし具合は、ソフトネスの数値またはビューアのオンスクリーンコントロールの矢印の長さで調整してください

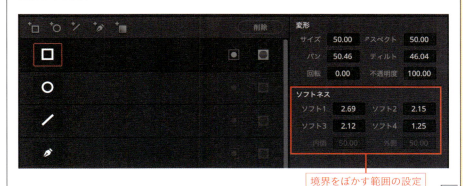

境界をぼかす範囲の設定

ヒント：パワーウィンドウをリセットするには？

パワーウィンドウの領域の右上にある「…」のメニューを開き、「選択したウィンドウをリセット」を選択することで、現在選択中のパワーウィンドウをリセットできます。

7 「エフェクト」タブを開く

画面右上にある「エフェクト」タブをクリックして開いてください。

8 「ブラー（ガウス）」をノードにドラッグする

下の方にスクロールしていくと「ResolveFX ブラー」という項目があります。パワーウィンドウで指定した領域をぼかすのであれば「ブラー（ガウス）」、モザイクをかけるのであれば「ブラー（モザイク）」を作業中のノードにドラッグ＆ドロップしてください。

この例では「ブラー（ガウス）」をドラッグ＆ドロップしてぼかします（「ブラー（モザイク）」は次の例で使用します）。

9 ぼかしを調整する

「エフェクト」の一覧画面が切り替わり、「ブラー（ガウス）」の設定画面が表示されます。「横方向の強度」と「縦方向の強度」は初期状態で連動して動くようになっていますので、どちらか一方のスライダーを動かしてぼかしのかかり具合を調整してください。

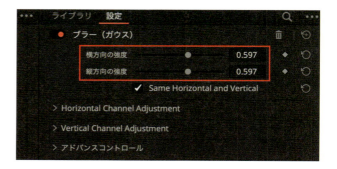

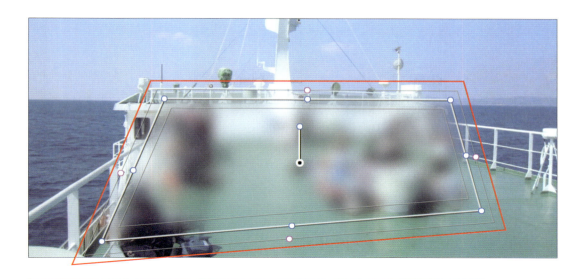

> **補足情報：元の「エフェクト」の一覧を表示させるには？**
>
> 「エフェクト」の画面上部にある「ライブラリ」タブをクリックすると一覧の画面に戻ります。「設定」タブをクリックすると、「ブラー（ガウス）」の設定画面が表示されます。

10 ビューアのオンスクリーンコントロールを消して確認する

ビューアのオンスクリーンコントロールを消して映像を確認するには、ビューア下部の一番左にあるメニューで「オフ」を選択してください。同じメニューで「Power Window」を選択すると、パワーウィンドウのオンスクリーンコントロールが再度表示されます。

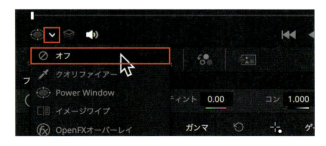

Chapter 7 ｜ その他の機能　325

7-4 モザイクのかけ方2（被写体を追尾）

被写体の動きにあわせてモザイクまたはぼかしを追尾させる場合は、次のように操作してください。

> **補足情報：パワーウィンドウとトラッカーの解説について**
>
> DaVinci Resolveでモザイクをかける領域を指定するには、パワーウィンドウを使用します。その**パワーウィンドウを被写体に追尾させる機能**がトラッカーです。トラッカーの使い方についてはここで詳しく解説しますが、パワーウィンドウの詳しい使い方については「モザイクのかけ方1（固定位置）」（p.320 〜）を参照してください。「モザイクのかけ方1（固定位置）」では、それ以外にもモザイクをかける際のヒントを多く紹介していますので、はじめにそちらの内容をひととおり読んでおくことをオススメします。

1 カラーページを開く

はじめにカラーページを開きます。

2 モザイクをかけるクリップを選択する

モザイクをかけて追尾させるクリップをクリックして選択します。

3 ノードを追加する

モザイクは、新しくモザイク用のノードを追加してそこに適用した方が後々便利です。ノードを追加するには、ノードを右クリックして「ノードを追加」→「シリアルノードを追加」を選択するか、[option（Alt）]＋[S]を押してください。

4 再生ヘッドをトラッキングを開始するフレームに移動させる

ビューアの再生ヘッドをトラッキングを開始するフレームに移動させます。

トラッキングは、==トラッキングの対象全体が大きくハッキリと正面を向いて映っているフレーム==を起点として開始した方が成功率が高くなります。DaVinci Resolveでは、特定のフレームから順方向にも逆方向にもトラッキングできますので、クリップの最初のフレームからトラッキングを開始する必要はありません。

用語解説：トラッキング
トラッカーという機能を使ってパワーウィンドウを映像の一部に自動追尾させ、その軌道や向きなどを記録することをトラッキングと言います。

女性の写真は、フリー素材ぱくたそ（https://www.pakutaso.com/20170525132post-11442.html）の素材を使用しています。また、素材は写真ですが加工して動画にしたものを使用して解説をしています。この動画は権利上の問題でダウンロードできませんので、お試しになる場合はお手持ちの動画をお使いください。

5 「ウィンドウ」ボタンをクリックする

「ウィンドウ」ボタンをクリックします。

Chapter 7 ｜ その他の機能　　327

6 使用する形状をクリックして有効化する

使用するパワーウィンドウのアイコンをクリックしてください。クリックして有効化されたプリセットのアイコンには赤い枠が表示され、ビューア上にはそのプリセットのオンスクリーンコントロールが表示されます。

7 追尾させる被写体にパワーウィンドウの形状を合わせる

モザイクを適用したい領域をしっかりと覆うようにパワーウィンドウの位置と形状を調整してください。このとき、正面を向いた（もしくはそれに近い）顔に合わせるのであれば、パワーウィンドウの中心の点を顔の中心に合わせるようにするとトラッキングの軌道がズレにくくなります。

8 「トラッカー」ボタンをクリックする

「トラッカー」ボタンをクリックします。

9 順方向と逆方向にトラッキングする

「トラッカー」を制御するための画面が表示されますので、画面左上の6つのボタンを使用してトラッキングを行ってください。
「順方向&逆方向にトラッキング」を押すと、一度の操作で順方向と逆方向の両方のトラッキングが完了するので便利です。

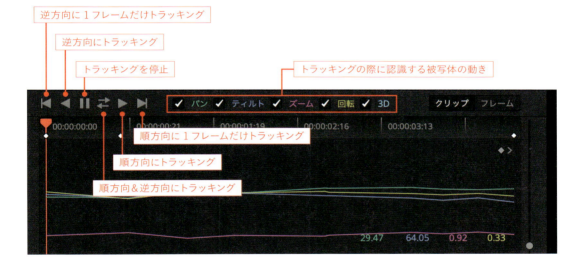

> **ヒント：トラッキングは何度やり直してもOK**
> トラッキングが思うように行われなかった場合、開始するフレームやパワーウィンドウを変更してトラッキングをやり直してもかまいません。トラッキング結果のデータは、常に最新のもので上書きされます。

> **ヒント：パワーウィンドウが複数ある場合**
> その時点で選択されていてアクティブになっているパワーウィンドウが、トラッキングの対象となります。

> **補足情報：パン・ティルト・ズーム・回転・3Dのチェックの意味**
> トラッキングの際に認識する被写体の動きの種類を制限したい場合は、そのチェックを外すことができます。「パン」と「ティルト」は横と縦の動き、「ズーム」はカメラから離れたり近寄ったりする動き、「回転」は首をかしげるなどの回転の動き、「3D」は上を向いたり下を向いたりしたときの3D的な形や向きの変化を意味しています。人の顔をトラッキングするのであれば、基本的にはすべてチェックした状態で行うのがよいでしょう。

10 パワーウィンドウがずれているところを直す

クリップを再生してみて、パワーウィンドウが適切に被写体を囲っているか確認してください。思い通りにならなかった部分がある場合は、そのフレームでパワーウィンドウの位置や大きさなどを手動で調整できます。ただし、同じようにパワーウィンドウを動かした場合でも、「クリップ」のモードになっているか「フレーム」のモードになっているかで結果が大きく違ってきますので注意してください。

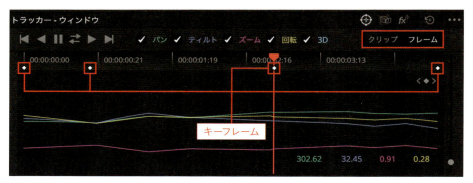

「クリップ」が選択された状態になっていると、どのフレームで操作したかにかかわらず、その変更は<mark>クリップ全体に反映</mark>されます。たとえば、あるフレームでパワーウィンドウの位置を左にずらしたとすると、クリップの全フレームのパワーウィンドウの位置が相対的に左にずれます。あるフレームでパワーウィンドウを大きくしたとすると、全フレームのパワーウィンドウが大きくなります。したがって「クリップ」モードでパワーウィンドウを調整するケースとしては、「クリップ全体をとおして被写体の顔に対するパワーウィンドウの楕円が小さすぎたとき」や「ぼかす範囲が全体をとおして狭すぎたとき」などになります。

それに対して「フレーム」が選択されていると、パワーウィンドウの変更は<mark>その操作を行ったフレームだけ</mark>に限定されます。ただし、変更したフレームには自動的にキーフレームが打たれますので、そこから次のキーフレームまでの間は、次のキーフレームの状態に向かってパワーウィンドウが徐々に

変化するようになります（キーフレームについての詳細は「キーフレームでインスペクタの値を変化させる（p.333）」を参照してください）。

ここでクリップ内のすべてのフレームにおいて、被写体がパワーウィンドウ内に収まるように調整を繰り返してください。ただし、モザイクをかけたあとの段階においても、「トラッカー」を開いてパワーウィンドウの調整をすることは可能です。

ヒント：パワーウィンドウが表示されなくなったときは？

ビューアの下の一番左にあるアイコンをクリックして、表示されるメニューから「パワーウィンドウ」を選択してください。逆にパワーウィンドウを消したいときは「オフ」を選択してください。パワーウィンドウが複数あって、その中の1つを選択したい場合は、一度「ウィンドウ」の画面を開いてパワーウィンドウを選択した上で、再度「トラッカー」の画面を開いてください。

補足情報：自動的に打たれるその他のキーフレーム

トラッカーを開くと、クリップの先頭には最初からキーフレームが打たれています。また、あるフレームで「順方向にトラッキング」ボタンを押してクリップの最後までトラッキングをすると、トラッキングを開始したフレームとクリップの末尾の両方にキーフレームが打たれます。トラッキングを途中で止めた場合は、止めたフレームにキーフレームが打たれます。

---

11 「エフェクト」タブを開く

画面右上にある「エフェクト」タブをクリックして開いてください。

12 「ブラー（モザイク）」をノードにドラッグする

下の方にスクロールしていくと「ResolveFX ブラー」という項目があります。パワーウィンドウで指定した領域にモザイクをかけるのであれば「ブラー（モザイク）」、ぼかすのであれば「ブラー（ガウス）」を作業中のノードにドラッグ＆ドロップしてください。

この例では「ブラー（モザイク）」をドラッグ＆ドロップしてモザイクをかけています（「ブラー（ガウス）」は前の例で使用しています）。

13 モザイクを調整する

「エフェクト」の一覧画面が切り替わり、「ブラー（モザイク）」の設定画面が表示されます。「ピクセル数」でモザイクの四角形の大きさが指定できます（ここで指定する数値は、映像の幅いっぱいに表示させるモザイクの四角形の個数です）。

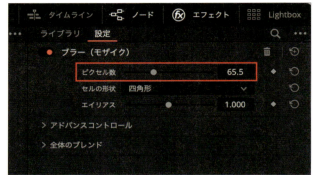

14 ビューアのオンスクリーンコントロールを消して確認する

ビューアのオンスクリーンコントロールを消して映像を確認するには、ビューア下部の一番左にあるメニューで「オフ」を選択してください。同じメニューで「Power Window」を選択すると、パワーウィンドウのオンスクリーンコントロールが再度表示されます。

その他

最後に、ここまでで説明していなかった便利な機能をまとめて紹介します。たとえば、インスペクタで設定可能な値の多くは、キーフレームを使うことで徐々に変化させることができます。また、装飾を加えたテキストをパワービンに入れておくと、他のプロジェクトでも同じ装飾のテキストがすぐに使えるようになります。

キーフレームでインスペクタの値を変化させる

　クリップを選択してインスペクタのある項目の値を変更すると、その値は<mark>クリップ全体</mark>に対して適用されます。しかし値を変更する前に、その項目の右側にある◆（キーフレームボタン）をクリックして赤くしておくことで、現在再生ヘッドのあるフレームに対して<mark>「その時点での値」</mark>を設定することができます。このように「その時点での値」を設定されたフレームのことを<mark>キーフレーム</mark>と言います。

　1つのクリップ内に値の異なるキーフレームを複数設定すると、その間の値は自動的に次の値に向かって徐々に変化するようになります（そのためキーフレームは最低でも2つ必要です）。これによって、映像やテロップを徐々に拡大または縮小したり、アニメーションのように位置を移動させることなどができます。インスペクタの複数項目の値を同時に変更することにより、拡大しながら回転しつつ移動もする、といった指定も可能です。

1　キーフレームを設定するクリップを選択する

カットページまたはエディットページで、キーフレームを設定するタイムライン上のクリップを選択します。

ヒント：テキストを徐々に大きくする例

このサンプルのスクリーンショットでは、テキスト+のクリップの先頭と末尾にキーフレームを設定し、「ラスボス登場！」というテキストを徐々に大きくする例を示しています。
キーフレームの設定は、インスペクタの「設定」タブで行っています。

Chapter 7 ｜ その他の機能　333

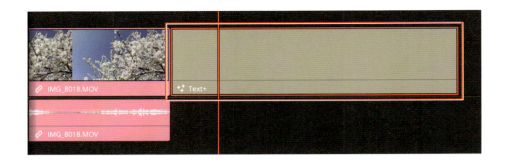

2 値を設定するフレームに再生ヘッドを移動させる

インスペクタで値を設定するフレームに再生ヘッドを移動させます。クリップの先頭から変化を開始させたい場合は、クリップの最初のフレームに再生ヘッドを配置してください。

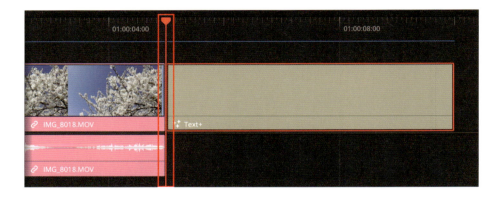

3 インスペクタの値を設定する項目の◆をクリックする

インスペクタで値を変更する前に、その項目の右側にある◆（キーフレームボタン）をクリックして赤くします。この段階でこのフレームはキーフレームになります。

> **ヒント：キーフレームには複数の値を同時に設定できる**
> たとえば「ズーム」と「位置」など、複数の項目の◆を赤くして同時に値を設定することもできます。

4 インスペクタで値を変更する

◆が赤い状態で値を変更すると、その値がキーフレームの値となります。現在の値のままでよければ、値を変更する必要はありません。

> **ヒント：値は後からでも変更できる**
>
> キーフレームの値の設定されているフレームに再生ヘッドを移動させると、インスペクタのその項目の◆が赤くなります。その状態で値を変更することで、キーフレームの設定値を更新できます。

5 再生ヘッドを移動させて値を変更する

1つめのキーフレームを追加したあとは、再生ヘッドを移動させてから値を変更するだけで自動的に◆が赤くなり、そのフレームは新しいキーフレームになります。値を変更する必要がない場合は、再生ヘッドを移動させた状態で◆をクリックして赤くしてください。

必要なだけこの操作を繰り返してキーフレームを追加してください。なお、クリップの最後まで変化を継続させたい場合は、クリップの最後のフレームもキーフレームにしてください。

> **ヒント：前後のキーフレームに移動するには？**
>
> キーフレームの前後に別のキーフレームがある場合、再生ヘッドをキーフレームの上に置くと、インスペクタのキーフレームボタンが＜◆＞のように変化します。＜は再生ヘッドを前のキーフレームに移動させるボタンで、＞は再生ヘッドを次のキーフレームに移動させるボタンです。

> **ヒント：キーフレームを削除するには？**
>
> 赤い◆をクリックすると、色がグレーになりそのフレームはキーフレームではなくなります。

> **ヒント：キーフレームをイージングするには？**
>
> 赤い◆を右クリックすると、項目の種類や状態に応じて「リニア」「イーズイン」「イーズアウト」「イーズイン＆イーズアウト」のいずれかが選択できます。ただし、項目の種類によってはイージングの指定ができないものもあります。

> **ヒント：キーフレームの有効／無効の切り替えとリセット**
>
> インスペクタの左側にある赤い有効／無効の切り替えボタンはキーフレームを指定していても使用できます。また、インスペクタの右側にあるリセットボタンはクリップのキーフレームもリセットします。

7-5 その他

キーフレームをタイムラインで調整する

エディットページでは、タイムラインのクリップの下に「キーフレームエディター」と「カーブエディター」を表示させることができます。これらを使うことで、キーフレームをよりわかりやすい状態で調整することが可能になります。

▶ キーフレームエディターの使い方

キーフレームエディターを表示させるには、クリップの右下にあるキーフレームエディターボタンをクリックするか、クリップが選択されている状態で「クリップ」メニューから「キーフレームエディターを表示」を選択してください。キーボードショートカットは［shift］+［command（Ctrl）］+［C］です。キーフレームエディターにはそのクリップに設定されているキーフレームがすべて（◇で）表示され、ドラッグして左右に移動させることができます。

> **補足情報：キーフレームを設定しなければ表示できない**
>
> キーフレームエディターは、1つ以上のキーフレームを設定したクリップでのみ表示させることができます。

キーフレームエディターのキーフレームは、初期状態では「変形」「クロップ」「合成」といったインスペクタのカテゴリごとにまとめられた状態で表示されます。その内部にある「ズームX」「ズームY」「位置」「不透明度」などの項目を表示させるには、キーフレームエディターの右上にある「展開」アイコンをクリックしてください。

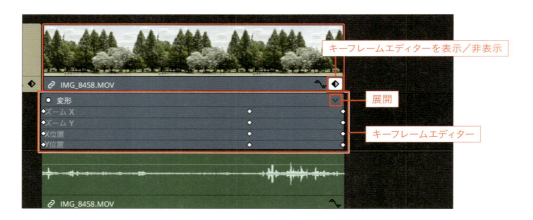

キーフレームエディターでキーフレームを追加するには、［option（Alt）］キーを押しながら追加したい位置をクリックしてください。また、［option（Alt）］キーを押しながら◇をドラッグすることでキーフレームを複製できます。

▶ カーブエディターの使い方

カーブエディターを表示させるには、クリップの右下にあるカーブエディターボタンをクリックするか、クリップが選択されている状態で「クリップ」メニューから「カーブエディターを表示」を選択してください。キーボードショートカットは［shift］+［C］です。カーブエディ

ターにはそのクリップに設定されているキーフレームがすべて（○で）表示され、ドラッグして上下左右に自由に移動させることができます。

> **補足情報：キーフレームを設定していなくても表示できる**
> カーブエディターボタンは、クリップに最初のキーフレームを設定した段階で表示されます。しかし、キーフレームを設定していなくても「クリップ」メニューから「カーブエディターを表示」を選択することで、カーブエディターを表示させることは可能です。

カーブエディターでは、同時に複数の項目のカーブを表示させることはできません。表示させる項目を切り替えるには、カーブエディターの左上にある「カーブメニュー」ボタンをクリックし、表示されたメニューからカーブを表示させる項目を選択してください。

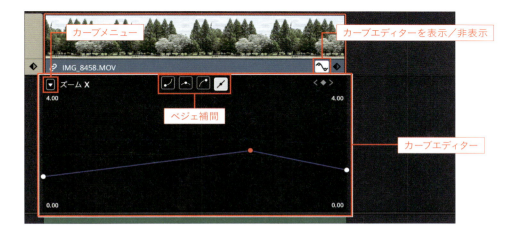

カーブエディターでキーフレームを追加するには、[option（Alt）] キーを押しながら線をクリックしてください。また、[option（Alt）] キーを押しながら◇をドラッグすることでキーフレームを複製できます。

キーフレームのイージングを変更したい場合は、キーフレームをクリックして選択した上で、いずれかの「ベジェ補間」ボタンをクリックしてください。

パワービンで調整済みのクリップを共有する

パワービンは、同じデータベース上のすべてのプロジェクトから利用可能なビンです。素材をそのまま格納できるだけでなく、タイムラインで手を加えたクリップをそのままの状態で保存できますので、音量やフェードイン・フェードアウトを調整済みの効果音やBGM、何重にも縁取りした「テキスト+」のテロップといった頻繁に再利用する調整済みのクリップの保存に最適です。

パワービンは初期状態では表示されない設定になっています。パワービンを表示させるには次のように操作してください。

7-5 その他

1 「…」メニューから「パワービンを表示」を選択する

メディアプールの右上にある「…」メニューから「パワービンを表示」を選択してチェックが入った状態にしてください。この操作はカットページとデリバーページを除くすべてのページで可能です。

ヒント：カットページでパワービンを使用する方法

他のページでパワービンの内容をメディアプールに表示させた状態でカットページに移動すると、カットページのメディアプールでも同じようにパワービンの内容が表示されます。
また、パワービンが表示できるページでビンリストを右クリックして「新しいウィンドウで開く」を選択すると、ビンがフローティングウィンドウで表示されます。このフローティングウィンドウは、カットページでも使用できます。

ヒント：パワービンに入れられないもの

タイムライン、複合クリップ、Fusionクリップはパワービンに入れられません。調整クリップやスチルは入れることができます。

タイムラインの複数のクリップをリンクする

タイムライン上の複数のクリップをリンクしておくと、それらの位置関係を変えずに1つのクリップを選択するだけでまとめて移動などの編集作業ができるようになります。音声入りの映像のビデオクリップとオーディオクリップが初期状態でリンクされているのと同じ状態です。したがって、タイムラインの上中央付近にある「リンクの選択」ボタンをクリックしてオフにすることで、リンクしていない状態で操作することもできます。また、[option (Alt)] キーを押しながらクリックすることで、1つのクリップだけを選択して編集できます。

> **重要**
> この機能はエディットページでのみ利用できます。ただし、リンクしたクリップはカットページのタイムラインでもリンクされた状態になっています。

1 リンクさせる複数のクリップを選択する

エディットページを開き、リンクさせる複数のクリップをタイムライン上で選択してください。ビデオクリップとオーディオクリップだけでなく、テキスト+のクリップや調整クリップもリンクできます。また、隣接していない離れたクリップを選択しても問題ありません。

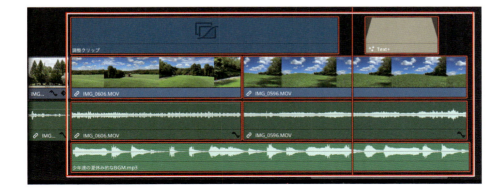

2 「クリップ」メニューから「クリップをリンク」を選択する

「クリップ」メニューの「クリップをリンク」を選択してチェックが入った状態にしてください。ショートカットキーは [option (Alt)] + [command (Ctrl)] + [L] です。

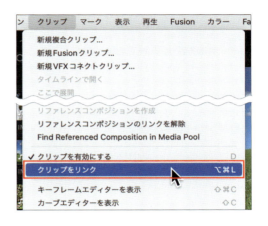

> **補足情報：リンクしていることを示すアイコン**
> リンクしたそれぞれのクリップの左下には、リンクしていることを示すクリップ型のアイコンが表示されます。

7-5 その他

映像の上下を黒くして横長に表示させる

映像の上と下に黒い帯を表示させて、映像を映画のように横長に表示させる方法はいくつもあります。たとえば、単純に映像の上下をクロップするだけでもそうなりますし、単色の黒のクリップを上下に重ねて配置しても同じようになります。しかし、このようにクリップを使用する方法だとキーフレームで動きを与えるなどの加工がしやすい反面、映像全体に適用するのは少々面倒な場合があります。

ここでは、メニューから縦横比を選択するだけでタイムライン全体の上下に黒い帯を表示させることのできる「出力ブランキング」の使い方について説明します。

> **重要**
> 「出力ブランキング」は、エディットページとカラーページでのみ指定可能です。

1 「タイムライン」メニューの「出力ブランキング」から映像の横縦比を選択する

「タイムライン」メニューの「出力ブランキング」のサブメニューから横縦比を選択してください。ここで表示される数字は幅と高さの比率である「〇.〇〇：1」の「：1」が省略されたものです（つまり表示されている数字は「高さを1としたときの幅」です）。映画と同じ縦横比（シネマスコープ）にしたいのであれば「2.35」を選択してください。

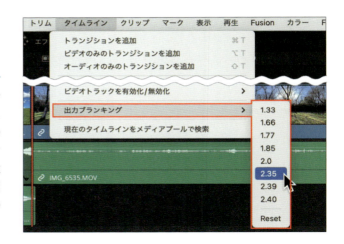

> **補足情報：元に戻す際は「Reset」を選択**
> 上下の黒い帯を消すには、「出力ブランキング」のサブメニューから「Reset」を選択してください。

2 映像の上下が黒くなった

タイムライン上のすべての映像の上下に黒い帯が表示されました（選択した比率によっては帯が左右に表示されます）。

> **補足情報：クロップで帯を表示させる際の注意点**
>
> クロップを適用したクリップに対して「変形」の「ズーム」や「位置」などを指定すると黒い帯も変化します。このような影響をなくすには、「クロップ」のいちばん下の項目である「イメージの位置を維持」にチェックを入れてください。

> **補足情報：カラーページだとさらに自由に帯が指定できる**
>
> カラーページを開き、画面中央付近にある「サイズ調整」アイコンをクリックします。「サイズ調整」の画面の右上にあるアイコンのうち、左から3番目の「出力サイズ調整」をクリックすると「ブランキング」という項目がアクティブになります。ここで上下左右の黒い帯を自由に設定できます。

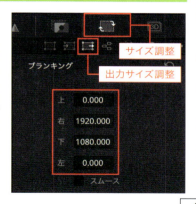

グリーンバック（クロマキー）合成の仕方

カットページまたはエディットページで「3Dキーヤー」というエフェクトを使用すると、映像のグリーンまたはブルーの部分だけを透明にして、下のトラックの映像と合成することができます。

> **補足情報：実際にはグリーンとブルー以外でも透明にできる**
>
> 一般に、透明にする部分にはグリーンやブルーが使われていますが、「3Dキーヤー」を使うとグリーンとブルーに限らずどの色でも透明にすることができます。ただし、グリーンとブルー以外は透明にしたくない部分と色が被ることも多く、難易度は高くなる傾向があります。

> **用語解説：キーヤー（Keyer）**
>
> 映像から一部分を抜き出すための機器やソフトウェアの機能のことをキーヤーと言います。DaVinci Resolveの「3Dキーヤー」は、その計算において映像のすべての色を3次元的に扱って透過処理を行うことからその名前が付けられました。

> **補足情報：同様の機能は他のページにもある**
>
> Fusionページとカラーページでも同様の処理を行うことが可能ですが、ここではいちばん簡単に作業できるカットページまたはエディットページでの操作方法を解説しています。

1 透過させるクリップを上のトラックに配置する

カットページまたはエディットページを開き、背景として表示させるクリップをタイムライン上に配置したら、それよりも上のトラックにグリーンまたはブルーの部分を透明にするクリップを配置します。

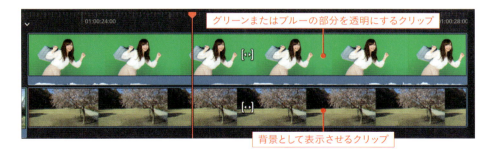

Chapter 7 ｜ その他の機能　341

2 透過させるクリップに「3Dキーヤー」をドラッグする

画面左上の「エフェクト」タブを開き、カットページの場合は「ビデオ」タブの「ResolveFX キー」というカテゴリにある「3Dキーヤー」を探します。エディットページの場合は、「OpenFX」の一覧を表示させ、「ResolveFX キー」というカテゴリにある「3Dキーヤー」を探してください。

「3Dキーヤー」が見つかったら、グリーンまたはブルーの部分を透明にするクリップにドラッグ＆ドロップしてください。

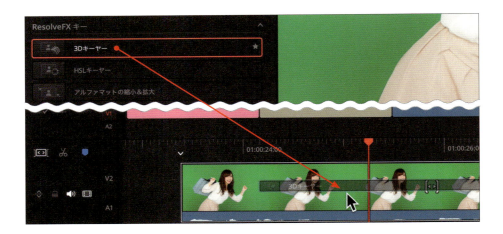

3 インスペクタで「3Dキーヤー」を開く

透過させるクリップをタイムライン上で選択し、インスペクタの「エフェクト」→「OpenFX」タブで「3Dキーヤー」を開きます。

4 「コントロール」で「ピック」を選択する

インスペクタの「コントロール」のセクションにある「ピック」ボタンは、初期状態で選択された状態になっています。もし別のボタンが選択されていたら、「ピック」ボタンをクリックして選択してください。

5 ビューアを「OpenFXオーバーレイ」モードにする

カットページの場合は、ビューアの左下にある「ツール」アイコンをクリックしてクリップツールを表示させ、一番右側の「エフェクトオーバーレイ」アイコンをクリックして有効にし、さらに「OpenFXオーバーレイ」を選択します（下図）。

エディットページの場合は、ビューアの左下にあるメニューから「OpenFXオーバーレイ」を選択してください（右図）。

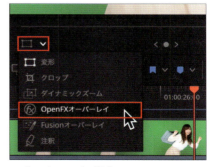
エディットページの場合

カットページの場合

6 グリーンまたはブルーの部分をドラッグする

1.ドラッグ開始

ビューアの映像のグリーンまたはブルーの部分（透明にする部分）をドラッグして透明にします。ドラッグを開始するとビューアが白黒に切り替わり、透明になっている部分が黒で表示されます。ドラッグを続けると、透明になる（黒い）範囲がどんどん広がっていきますので、まだ透明になっていないグレーの部分があればその部分までドラッグし、消したい部分がほぼ消えるようにします。

2.グレーの部分をドラッグして黒い範囲を広げる

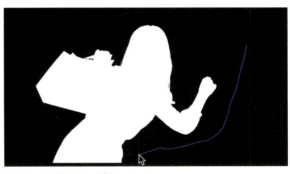
3.グレーの部分がほぼ黒になった

Chapter 7 | その他の機能　343

7 うまく透過できていない部分があればさらにドラッグする

グリーンまたはブルーの領域が透明にならずに残っている場合は、その部分をさらにドラッグしてください。

余計な部分まで透明になってしまったときは「削除」アイコンをクリックし、復活させたい部分をドラッグしてください。「追加」アイコンをクリックすると、透明部分を追加するモードに戻ります。「リセット」ボタンを押すことで、最初からやり直すことができます。

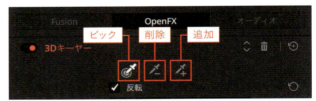

> **補足情報：「削除」「追加」の切り替え**
>
> [option（Alt）] キーを押している間は一時的に「削除」ボタンを選択している状態になり、[shift] キーを押している間は一時的に「追加」ボタンを選択している状態になります。

8 まだ色が残っていたら「スピル除去」を適用する

抜き出した映像のまわりにグリーンまたはブルーの色が残っていたり、撮影時に使用したグリーンまたはブルーのスクリーンの色が反射して抜き出した部分が色かぶりしているような場合は、インスペクタの「挙動オプション」のセクションにある「スピル除去」のスライダーで調整してください。これでグリーンまたはブルーの部分がほぼわからなくなります。

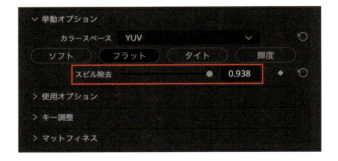

9 さらに調整が必要なら表示モードを「アルファハイライト 白/黒」にする

さらに調整が必要な場合は、ビューアの表示モードを切り替えて調整します。インスペクタの「出力」のセクションにある「出力」メニューで「アルファハイライト 白/黒」を選択してください。

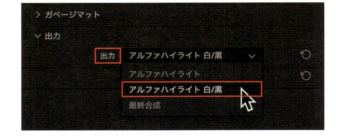

初期状態では、表示モードは「最終合成」になっており、グリーンまたはブルーの部分が透明になって、下のトラックの映像が見えます。「アルファハイライト」を選択すると、透明になっている部分がグレーで表示されます。「アルファハイライト 白/黒」を選択すると、透明になっている部分が

黒で、透明になっていない部分が白で表示されます。次に説明する「マットフィネス」を使用するのであれば、「アルファハイライト 白/黒」の状態にしておくことで操作の意味が理解しやすくなります。

10 「マットフィネス」で さらに細かく調整する

インスペクタの「マットフィネス」というセクションを開くと、さらに細かく調整するための項目が多く用意されています。「出力」を「アルファハイライト 白/黒」にして白黒表示にしておくと、「マットフィネス」の各項目の効果とその意味がよくわかります。調整が済んだら「出力」を「最終合成」に戻してください。

「マットフィネス」の主な項目とその機能は次のとおりです。

▶ 黒クリーン

「アルファハイライト 白/黒」で白黒表示になっている状態での、黒い領域に含まれる細かい白の部分をなくします（透明の領域内にある細かい「透明になっていない部分」を透明にします）。また、グレーの部分を徐々に黒に近づけ、黒の領域を増やします（半透明の部分を徐々に透明に近づけ、透明の領域を増やします）。

▶ 白クリーン

「アルファハイライト 白/黒」で白黒表示になっている状態での、白い領域に含まれる細かい黒の部分をなくします（不透明の領域内にある細かい「透明になった部分」を不透明にします）。また、グレーの部分を徐々に白に近づけ、白の領域を増やします（半透明の部分を徐々に不透明に近づけ、不透明の領域を増やします）。

▶ 黒クリップ

この値を大きくすると、白黒表示でグレー（半透明）になっている部分を黒（透明）にします。

▶ 白クリップ

この値を小さくすると、白黒表示でグレー（半透明）になっている部分を白（不透明）にします。

▶ ブラー範囲

「アルファハイライト 白/黒」で白黒表示になっている状態において、全体をぼかします。これによって透明と不透明の境界をぼかすことができます。

▶ 内/外 比率

「ブラー範囲」によるぼかしを、白（不透明）を拡張する方向にぼかすのか、黒（透明）を拡張する方向にぼかすのかとその度合いを調整できます。この値の初期値は0で、スライダーは中央に位置しています。そこからスライダーを右に動かすと白（不透明）を拡張する方向にぼかし、スライダーを左に動かすと黒（透明）を拡張する方向にぼかします。この機能は「ブラー範囲」を適用していなくても利用できます。

Chapter 7 ｜ その他の機能　　345

7-5 その他

他の動画編集ソフトのショートカットに変更する

DaVinci Resolve のキーボードショートカットは、他の動画編集ソフトのショートカットを模したエミュレーションプリセットに変更できます。DaVinci Resolve で用意されているプリセットは次のとおりです。

- DaVinci Resolve
- Adobe Premiere Pro
- Apple Final Cut Pro X
- Avid Media Composer
- Pro Tools

初期状態では「DaVinci Resolve」が選択された状態になっていますが、これを別のエミュレーションプリセットに変更するには、次のように操作してください。

1 「DaVinci Resolve」メニューから「キーボードのカスタマイズ…」を選択する

「DaVinci Resolve」メニューの「キーボードのカスタマイズ…」を選択してください。

2 キーボードショートカットを変更するダイアログが表示される

キーボードショートカットを変更するためのダイアログボックスが表示されます。

3 　右上のメニューからエミュレーションプリセットを選択する

ダイアログ右上の「∨」アイコンをクリックしてメニューを開き、その中から使用したいエミュレーションプリセットを選択してください。

4 　右下の「保存」ボタンをクリックする

ダイアログ右下にある「保存」ボタンをクリックしてください。

5 　右下の「閉じる」ボタンをクリックする

「保存」ボタンの左隣にある「閉じる」ボタンをクリックするとダイアログが閉じ、ショートカットキーが切り替わっています。

ショートカットキーのカスタマイズ

　DaVinci Resolve のキーボードショートカットは自分の使いやすいように変更できるだけでなく、自分の用のプリセットとして保存できます。ショートカットキーを変更してそれを保存するには、次のように操作してください。

1 　「DaVinci Resolve」メニューから「キーボードのカスタマイズ…」を選択する

「DaVinci Resolve」メニューの「キーボードのカスタマイズ…」を選択してください。

2 キーボードショートカットを変更するダイアログが表示される

キーボードショートカットを変更するためのダイアログボックスが表示されます。

ヒント：「オプション」メニューについて

ダイアログの右上にある「…」をクリックすると「オプション」メニューが表示されます。ここでは「新規プリセットとして保存…」「プリセットの読み込み…」「プリセットの書き出し」「プリセットを削除」が選択できます。

3 変更するショートカットキーが分かっている場合の操作

変更したいショートカットキーが分かっている場合は、ダイアログの上半分に表示されているキーボードのそのキーをクリックして赤くしてください。するとダイアログ左下の「<mark>アクティブキー</mark>」と書かれたところにそのショートカットが割り当てられているコマンドが太字で表示されますので、変更するコマンドを1つクリックしてください（該当するコマンドは複数ある場合もあります）。この操作を行った場合は、次の4の操作は不要となります。

補足情報：同じショートカットのコマンドが複数ある理由

ショートカットキーは、画面上部に常に表示されているメニューだけに設定されているわけではありません。たとえばメディアプールやタイムラインのように、特定の領域で操作しているときにその範囲でのみ有効となるショートカットキーもあります。
このダイアログにおいては、「アプリケーション」と書かれているところに表示されるのは画面上部に表示されているメニューのコマンドです。それ以外は特定の領域を操作しているときに限り有効となるコマンドです。この特定の領域でのみ有効となるショートカットキーは他の領域のショートカットキーと重複して設定できるため、同じショートカットキーのコマンドが複数存在する場合があります。

4 変更するショートカットキーが分かっていない場合の操作

画面下中央には「コマンド」と書かれた一覧があります。この一覧の内容は大きく「アプリケーション」と「パネル」に分かれていますが、「アプリケーション」は画面上部に常に表示されているメニューの項目（「ファイル」「編集」など）です。「パネル」は画面の特定の作業領域でのみ有効となるショートカットキーを選択するための「領域の一覧」です。

まず画面下中央の「コマンド」の一覧で大分類をクリックし、さらにその右の一覧で変更したいコマンドをクリックしてください。

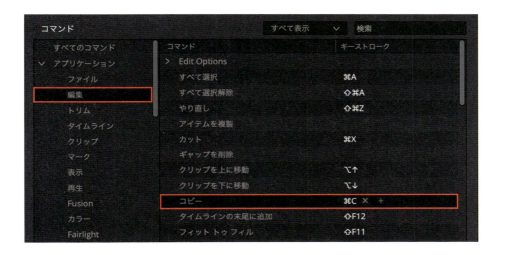

5 新しいショートカットキーを入力する

コマンドの右側には「キーストローク（ショートカットキーの組み合わせ）」が表示されています。その右にある「×」をクリックすると既存のキーストロークが消え、新しいキーストロークが入力できるようになります。ここでは画面上のキーボードではなく、実際のキーボードでそのショートカットキーの組み合わせを同時に押して入力してください。

現在設定されているショートカットキーは有効にしたままで新しいショートカットキーを追加することもできます。その場合は「+」をクリックして新しいショートカットキーを入力してください。

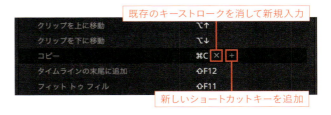

> **ヒント：ショートカットキーを元に戻すには？**
> 新しいショートカットキーを設定したあとでその項目の上にポインタをのせると、右側にリセットボタンが表示されます。リセットボタンをクリックすると、ショートカットキーは元に戻ります。

7-5 その他

ヒント：使われていないショートカットキーの探し方

ダイアログの上半分に表示されているキーボードは、画面上で[shift][control][option (Alt)][command (Ctrl)]キーのいずれかをクリックして赤くすると、キーの色などが全体的に変化します。実はこのキーの色は、キーボードショートカットに未使用のキーと使用済みのキーをあらわしています。濃いグレーは「画面上部に常に表示されているメニューの中で未使用のキー」で、それよりも明るいグレーは「画面上部のメニューで使用済みのキー」です。キーの色が斜めに分割されて右下がさらに明るいグレーになっているキーは「画面の特定の作業領域でのみ有効となるショートカットキーとして使用済み」であることを示しています。キーの右下に表示されている数字は「同じショートカットキーが使われている領域の数」です。

したがって、たとえば画面上部に常に表示されているメニューの中で未使用のキーを探したければ、まずは[shift][control][option (Alt)][command (Ctrl)]の中で同時に使いたいキーをクリックして赤くしてください（複数可）。同時に使いたいキーがなければ、赤くしなくてもかまいません。その状態で、キー（全体もしくは斜めに分割されている状態での左上）が濃いグレーになっているものがメニューの中では未使用のキーです。

メニューで使用済みのキーの色
メニューの中で未使用のキーの色
特定の作業領域3個所で使用済み

6 「保存」ボタンをクリックする

新しいショートカットキーの設定が済んだら、ダイアログ右下にある「保存」ボタンをクリックしてください。

DaVinci Resolveに付属のプリセットを使用している状態でここまでの処理を行った場合は、次の7へ進んでください。カスタマイズ済みの独自のプリセットをすでに使用している場合は、カスタマイズした内容は使用中のプリセットに保存されますので8に進んでください。

7 プリセットの名前を入力して「OK」ボタンをクリック

新しいダイアログが表示されますので、プリセットの名前を入力してください。「OK」ボタンをクリックすると、プリセット名を入力するダイアログが閉じます。

8 右下の「閉じる」ボタンをクリックする

「保存」ボタンの左隣にある「閉じる」ボタンをクリックして作業を完了します。

Appendix

こんなときは

DaVinci Resolve を使いはじめたときにありがちな疑問やトラブルとその解消方法をまとめました。本書を隅から隅まで読んでいる時間がないとき、とにかく急いで解決したいときなどにお役立てください。

音声関連のトラブルと操作方法

▶ 音が左側からしか聞こえない

モノラル録音のオーディオクリップをステレオのトラックに配置すると、左からしか音が聞こえない状態になります。「**5-2 音声関連のその他の操作**（p.244）」では、音を左右から聞こえるようにするためのいくつかの方法を解説しています。

▶ 映像を分割するとBGMも分割される

カットページでは、タイムライン上でクリップを選択しているとそのクリップだけが分割され、他のクリップは分割されません。間違ってBGMのクリップを分割してしまうことを防ぐには、「**トラックヘッダーのアイコン（カットページ）**（p.119）」と「**トラックヘッダーのアイコン（エディットページ）**（p.120）」で解説している方法でBGMのトラックをロックしてください。また、間違って分割してしまった場合でも、分割された2つのクリップを選択して「タイムライン」メニューの「クリップを結合」で元に戻せます。

▶ 音声のノイズを減らしたい

p.248の「**ノイズを減らす（ノイズリダクション）**」を参照してください。

▶ 声を聞きやすくしたい

「**Dialogue Levelerによる音量の均一化**（p.240）」と「**声を聞きやすくする（ボーカルチャンネル）**（p.252）」を参照してください。

数字

3Dキーヤー 342

3点編集 113

4点編集 113

A 〜 D

Add Speed Point 303

Allow manual positioning 226

Allow typing in preview 226

Audio Configuration 246

Change Track Type to 244

ColorSlice 278

DaVinci Resolve 012

DaVinci Resolve Studio 012

Dialogue Leveler 240

dra 073

drp 076

DVE 315

F 〜 T

Fairlightページ 025, 026

Fusionオーバーレイ 178, 225, 228

Fusionページ 025, 026

H.264 066

OpenFXオーバーレイ 177, 343

Preferences 022

Stereo 246

Timeline Playback Resolution 293

あ行

アイコンとラベルを表示 022

アウト点 056, 106

アフレコ 254

アンカー 208

イーズ（イージング） 165

色かぶり 276

色の設定 043

色補正 274

インストール 015, 019

インスペクタ 180

イン点 056, 106

上書き 109, 116

映像の拡大・縮小 095

映像の横縦比 340

エディットページ 025, 026

「エフェクト」タブ 201, 315

エフェクトオーバーレイ 160, 171, 227

円形 206

エンハンスビューア 092, 267

オーディオ 160, 171, 187

オーディオに合わせてトリム 135

置き換え 109, 116

お気に入り 153, 202

オフセット 215, 271

音量調整 236

か行

カーニング 226, 230

カーブ 263

カーブエディター 240

解像度 023

回転 058, 329

カスタムズーム 097

カット 151

カットページ 024

カメラシェイク 318

画面構成 021

カラー 160, 171

カラーグレーディング 268

カラーコレクション 268

カラーバランス 273

カラーブースト 276

カラーページ 025, 026, 262

カラーマネージメント 044

空のタイムライン 032

環境設定 022, 045

355

ガンマ	271	ジョグホイール	144
キーフレーム	239, 333	新規タイムライン	099
キーフレームエディター	336	新規プロジェクト	034
キーヤー	341	シングルビューアモード	090
逆再生	094, 308	ズーム	098, 329
クイックエクスポート	066	ズームスライダー	097
グラデーション	224	スクロール	195
クリップ	032	スコープ	263
クリップカラー	060, 137	スタビライズ	160, 169
クリップツール	157	スタビライゼーション	186
クリップの削除	135	スナップ	133
クリップの速度を変更	307	スピル除去	344
クリップの長さを変更	133	スマート挿入	117
クリップの名前	061	スムースカット	151
クリップ属性	059, 062	スライド	129
クローズアップ	118	スリップ	128
クロップ	160, 163, 175, 184	センター	281
ゲイン	271	全体を表示	097
現在の設定をデフォルトプリセットに設定	047	送信先	256
現在のフレームをスチルとして	070	相対タイムコード	145
合成	160, 167, 185	挿入	109, 116
コントラスト	274	ソース	256
		ソースクリップ	088
さ行		ソーステープ	088
最上位トラックに配置	116, 118	ソースビューア	090
再生	094	ソース上書き	118
再生フレームレート	042	速度	160, 168
再生ヘッド	143	速度変更点	168, 313
彩度	275, 281	ソフトネス	215, 217
再リンク	064	ソロ	121
サムネイル	062		
「シェーディング」タブ	210, 211, 234	**た行**	
色相環	281	ダイナミック プロジェクト スイッチング	036
自動トラック選択	121	ダイナミックズーム	160, 165, 175, 184
シネマビューア	091, 266	タイムコード	098
字幕	196	タイムライン	030, 088, 096
シャープ	282	タイムライン解像度	042
出力カラースペース	044	タイムラインで開く	299
ショートカット	346	タイムラインの並べ替え	100

タイムラインの末尾に追加	117
タイムラインビューア	090
タイムラインフレームレート	042
タイムライン表示オプション	237
単色	294
チェッカーアンダーレイ	210, 233
注釈	178
調整クリップ	295
テイクセレクター	139
停止	094
ディスク検索	065
ディゾルブ	151
ティルト	170, 329
データベース	028
テキスト	195, 199, 201
テキスト+	194, 204
デュアルビューアモード	090
デリバーページ	025, 026, 068
動作環境	013
トラッカー	329
トラックカラー	124
トラックの高さ	237
トラックの削除	124
トラックの追加	122, 123
トラックヘッダー	119, 120
トラック名	121
トラックをミュート	120, 121
トラックを拡大	119
トラックを追加	255
トラックを無効化	120
トラックをロック	120, 121
トランジション	147
トランジションを追加	152
トリミング	125
トリムエディター	127

な行

ナレーション	254
日本語	022

ノイズリダクション	248
濃度	280, 281
ノードラベル	269

は行

配置先コントロール	110, 120, 121
ハイパス	253
パス	206
バックアップ	038, 082, 103
パワーウィンドウ	321, 337
パン	329
ビデオトラックを無効化	121
ピボット	274
ビューア	053
ビューアオーバーレイ	157, 173
ビューアモード	266
ビン	049
ビンリスト	053
ファイル	189
ファストレビュー	089
フィット トゥ フィル	116
フェーダーハンドル	155, 243
フェードアウト	155, 243
フェードイン	155, 243
復元	040, 084, 105
複合クリップ	297
フッテージ	027
ブラー	282
ブラー (ガウス)	324
プライマリー・カラーホイール	263, 271
フリーズフレーム	305
フルスクリーン	091
フルページビューア	267
ブレード編集モード	132
フレーム	206, 209
フレームレート	023
プロキシメディア	291

357

プロキシメディアを生成 292
プロジェクト 021
プロジェクトアーカイブの書き出し 072
プロジェクト設定 022, 046, 292
プロジェクトの削除.. 037
プロジェクトの書き出し 075
プロジェクトの読み込み 077
プロジェクトフレームレート 049
プロジェクトマネージャー 022, 034
プロジェクトライブラリ 079
プロジェクトライブラリサイドバー..................... 024
分割 130
ベジェ補間 337
変形 160, 162, 175
編集点 094
ポイント 205
ボーカルチャンネル 252
ぼかし 282
ポジションロック 134
ポスターフレームに設定 063
ホワイトバランス 276

ま行

マーカー 178, 190
巻き戻し 309
マスターホイール 272
マットフィネス 345
末尾に追加.. 117
ミュート 136, 257
無効化 136
メディアストレージブラウザー.......................... 053
メディアプール 030, 050, 053
メディアページ 024
モザイク 320, 326
文字の影 211, 214
文字のサイズ 204
文字の背景... 211, 216
文字の縁取り 211, 212, 219
文字化け 029

「モディファイアー」タブ 233
モノラル 244

ゆ行

ユーザーインターフェース設定 100
揺らす 318

ら行

リタイムカーブ 311
リタイムコントロール 301
リタイム速度 312
リップルモード 102
リップルを有効化 103
リップル上書き 116, 117
リフト 271
リンク 339
ループ 093
「レイアウト」タブ 205
レイアウトをリセット 264
レベル 217
レンズ補正 160
レンダー 290
レンダーキャッシュ 288
レンダーキュー 069
レンダー設定... 068
レンダリングして置き換え............................... 289
ロール 126

わ行

ワイプ 315

■著者プロフィール

大藤 幹（おおふじ みき）

北海道出身の DaVinci Resolve を愛するテクニカルライター。著書は70冊ほど。動画関連の著書には『高機能動画編集ソフト DaVinci Resolve Fusion 今日から使える活用ガイド（マイナビ出版）』『自由自在に動画が作れる高機能ソフト DaVinci Resolve入門（マイナビ出版）』『iMovieの限界を超える 思い通りの映像ができる動画クリエイト（秀和システム）』などがある。

■STAFF
ブックデザイン：霜崎 綾子
カバーイラスト：玉利 樹貴
DTP：AP_Planning
編集：伊佐 知子

■本書で使用している写真素材について
P.315 ～ 316、326 ～ 332、341 ～ 343で使用している女性の写真は、
フリー素材ぱくたそ［https://www.pakutaso.com］のものです。

https://www.pakutaso.com/20150931259post-6053.html
https://www.pakutaso.com/20170525132post-11442.html
https://www.pakutaso.com/20170520132post-11441.html
https://www.pakutaso.com/20161028286post-9217.html
Model by 河村友歌

DaVinci Resolve
今日から使いこなす詳解ガイド Ver.19対応

2025年 4月23日　初版第 1 刷発行

著者　　　大藤 幹
発行者　　角竹 輝紀
発行所　　株式会社 マイナビ出版
　　　　　〒101-0003　東京都千代田区一ツ橋2-6-2　一ツ橋ビル 2F
　　　　　TEL：0480-38-6872（注文専用ダイヤル）
　　　　　TEL：03-3556-2731（販売）
　　　　　TEL：03-3556-2736（編集）
　　　　　E-Mail：pc-books@mynavi.jp
　　　　　URL：https://book.mynavi.jp
印刷・製本　シナノ印刷株式会社

©2025 大藤 幹, Printed in Japan.
ISBN978-4-8399-8756-5

● 定価はカバーに記載してあります。
● 乱丁・落丁についてのお問い合わせは、TEL：0480-38-6872（注文専用ダイヤル）、
　電子メール：sas@mynavi.jpまでお願いいたします。
● 本書掲載内容の無断転載を禁じます。
● 本書は著作権法上の保護を受けています。本書の無断複写・複製（コピー、スキャン、
　デジタル化など）は、著作権法上の例外を除き、禁じられています。
● 本書についてご質問などございましたら、マイナビ出版の下記URLよりお問い合わせくださ
　い。お電話でのご質問は受け付けておりません。また、本書の内容以外のご質問について
　もご対応できません。
　https://book.mynavi.jp/inquiry_list/